男人化妆女人抽烟

快乐人生的绝密智慧，心想事成的性格手册

外在的改变影响一时，
内在的变化影响一生！

生活看似信手拈来，其中却饱含着智慧与哲理。
精准的测试，洞悉你的内心世界，让你找到连自己也未知的一面
个性掌控命运，让你的人生越过越美！

任悦 著

重庆出版集团
重庆出版社

图书在版编目（CIP）数据

男人化妆，女人抽烟 / 任悦著. -- 重庆：重庆出版社，2012.1
ISBN 978-7-229-04439-8

Ⅰ. ①男… Ⅱ. ①任… Ⅲ. ①成功心理－通俗读物
Ⅳ. ①B848.4-49

中国版本图书馆CIP数据核字（2012）第160153号

男人化妆，女人抽烟
NANRENHUAHZUANG, NVRENCHOUYAN

任悦 著

出 版 人：罗小卫
全案策划：文悦轩
责任编辑：罗玉平
特约编辑：李素文
装帧设计：宸唐装帧

重庆出版集团 出版
重庆出版社

重庆长江二路205号　邮编：400016　http://www.cqph.com
三河祥达印装厂印刷
重庆出版集团图书发行有限公司发行
E-MAIL: fxchu@cqph.com　电话：023-68809452
全国新华书店经销

开本：700mm×1000mm　1/16　印张：15.5
2012年1月第1版　2012年1月第1次印刷
ISBN 978-7-229-04439-8
定价：28.00元

如有印刷质量问题，请向本集团图书发行有限公司调换：023-68706683

版权所有　侵权必究

目录
contents

序言 …………………………………………………………01

Chapter 01
夜晚晒太阳，白天数星星……01

> 生活对于每个人来说都是不同的，
> 它会带给你意想不到的惊喜或困境。
> 惊喜则罢了，
> 困境却不是每个人都能面对的。
> 面对不尽如人意的生活，
> 当然不能让它就此失色下去。
> 面对每天忙碌的工作和琐碎的家务事，
> 会给自己找乐趣的人，
> 是生活的强者。
> 哪里有生活，
> 哪里就有情趣的宝藏！

03 即使缺少鲜花，也可染红树叶

09 如果摆脱不了抑郁，就请改变生活方式

16 不去掉负重，又怎么站得起来

24 欲望是前进的动力

30 丢掉最为依赖的东西

39 富是锦上添花，"穷"是人生真谛

45 一滴水可以生出整个世界

51 谁能躲过漫山遍野的孤独

58 简单使人快乐，繁杂令人忧虑

目录 contents

Chapter 02

天使去偷瓜，糊旦去看家……69

这是一个崇尚个性、强调自我的时代，
过多倾慕于旁人，
只会掩盖你的本性。
你在生活的舞台中才最重要。
你是混合了信仰和理想的产物，
闪烁着无限可能的光芒。
世间没有相同的鸡蛋，
也不会有第二个自我。
你就是你，
有笑有泪、有胜有败、有喜有忧、有乐有愁。
纵然跌倒一千次，也会有第一千零一次的勇气站起来，
不会为了迎合他人而轻视自己，
不会为了崇拜他人而迷失自己！

71　你比偶像更重要
81　做个快乐的"草根族"
89　男人化妆，女人抽烟
99　做女人，不做美女
109　慷慨痛哭，失声微笑
117　完愈"白雪公主综合征"

目录
contents

Chapter 03
换个方式去上班……125

曾经有一句很经典的广告词：
"胃疼？光荣！"
有胃病的人都是忙于工作的，
但细想下去，
忙碌的工作除了胃病和一些金钱之外还能让我们收获什么呢？
从年头忙到年尾，
当做年终总结的时候，
猛然发现自己什么也没有得到。
如今越来越多的人已经从为生存而工作转变为为理想而工作，
继而再到为快乐而工作。
他们不断地调整自己、充实自己，
既不耽误工作，
又轻松地享受生活。

127 每天忙碌碌，一年空落落
136 加班是无效劳动的开始
146 别拿"怀才不遇"说事
158 讨好上司不如忠于自己

目录
contents

Chapter 04

先爱自己，再爱别人……165

"执子之手，与子偕老"、"海枯石烂，两情不渝"
诸如此类的词汇都是用来形容从一而终的爱情，
这代表了一种贞洁，
无论是精神上还是肉体上的。
由于传统观念带给人们的影响，
中国人对爱情和婚姻一直本着从一而终这个念头，
但随着社会结构的变动和人们思想的开化，
许多传统的观念已经远远落后于这个时代，
并且让人强烈地感到它所带来的束缚，
不知不觉间，
更新的婚恋观念已经浮出水面……

167 只要我愿意，女追男有什么不可以
173 完美不流行，有缺点才可爱
179 精彩的单身胜过肤浅的爱情
184 多一些选择，多一些幸福
190 理性的同居胜过盲目的婚姻

目录 contents

Chapter 05

女人主外，男人主内……199

男主外、女主内，
一直是中国家庭默认的规范模式，
大部分人认为男人应该在外面拼搏、为家庭奋斗，
女人则应该在家相夫教子、担负起妻子的责任。
但随着男女越来越平等，
家庭角色也悄悄地进行着转变，
女人已经以锐不可挡之势登上了世界的舞台，
她们面临的更多是来自事业的挑战。
与此同时，
男人则成为了系着围裙忙碌家务的人，
这当真是一个女人当家、男人听令的时代……

201 留守丈夫也精彩
206 男人系围裙，女人看报纸
213 迎合"岗位"需要，全职爸爸登场

目录
contents

Chapter 06

丘比特失宠，比基尼登场……221

在传统的性爱观念中，
女人是被动的，
男人是主动的，
但现在已经有相当一部分女人认识到，
在性面前女人绝不是被动的，
性爱对于男人和女人都一样公平。
女人完全可以把想要、不想要、想如何要的感觉表达出来，
淋漓尽致地释放自己的快乐，
用极其形象的比喻来说就是，
女人在上，男人在下！

223 女人主动，男人被动

228 别问我是不是处女，先证明你是不是处男

序言 preface

在我们心中，对生活常存这样的想法：

生活单调乏味，枯燥不堪；

终日奔波劳碌却所获甚少；

地位越高压力越大；

挣的钱多了快乐却少了……

为什么生活会如此疲惫不堪呢？想找一个发泄的出口都寻觅不到。这是因为——你的生活模式太过单调，和思维一样正在变得僵化！

当你总用同一种模式生活、工作时，单调、乏味的感觉是在所难免的，但你又消极地固守在原地，没有为改变现状做出努力。那么压力与烦恼所带来的毒瘤就无法消失，一切的不愉快还存在于心里。这使得你不停地抱怨却又无力改变。

现在，一个绝好的办法正等着你——把生活颠倒着过！

序言 preface

何谓颠倒？不是要把白天黑夜翻转过来，而是要打破原有的生活模式，用更新的生活理念来赶走令人压抑的现状，摆脱束缚、寻找自由、寻找真我！

这些理念并不是离经叛道，而是要通过重新认识自我、找到自我，达到寻找幸福快乐的目的。

改变生活模式并不是一件难事，但对于长期被某种思想固化的人来说，猛然转变观念是有一定困难的，甚至有一些人不知道该如何改变自己的生活。

因此，本书中提出了一些与众不同的生活方式，它们和人们传统的认知有所区别，不是人们习惯的思维方式。它们颠覆了传统中应该颠覆的陈旧观念，打破了一切令你感到不甚愉快的陈规，让你置身反转的世界，在身心得到放松的同时，赫然发现：原来生活是可以这样的！

这些全新的生活带给了人们不一样的感受，让他们体验到了新鲜的感觉，这种感觉让他们感到胸口的大石块全被搬开，如沐春风，重新找到了久违的轻松与快乐。

这其中有一些生活方式令人感到犹豫，驻足旁观却不敢轻易尝试，生怕成为众矢之的，让别人议论，遭别人冷眼。然而无论如何，生活是自己的，哪种模式最适合自己只有自己知道。

不管别人怎么看，不管别人怎么议论，都要坚持自己的信念，只要适合自己的性情，适合自己的喜好，适合自己的状态，能让自己感到快乐、幸福、自由，那么把生活颠倒着过，又有什么不可以？

Chapter 1
夜晚晒太阳，白天数星星

生活对于每个人来说都是不同的，
它会带给你意想不到的惊喜或困境。
惊喜则罢了，
困境却不是每个人都能面对的。
面对不尽如人意的生活，
当然不能让它就此失色下去。
面对每天忙碌的工作和琐碎的家务事，
会给自己找乐趣的人，
是生活的强者。
哪里有生活，
哪里就有情趣的宝藏！

夜晚晒太阳，白天数星星

Chapter 1
夜晚晒太阳，白天数星星

即使缺少鲜花，也可染红树叶

在一个充满了战火硝烟的秋天，有一座城市几乎被夷为平地。没有鲜花、没有树木，连一株小草都很难看见。

当一位司令视察这片全是瓦砾的城池时，发现在一片废墟中，有一个临时搭起的窝棚，那个窝棚用破毡子围住，顶上压了几片砖头瓦块，四面透风，好像一阵风就能把它吹倒一样。

令这位司令惊讶的是，就在这个破破烂烂的窝棚里，竟然摆放着几盆生机勃勃的小花，一位身着破衣的难民，正在认真地教一个小孩儿吹萨克斯。

这幅对比鲜明的画面带给司令极大的震撼，他断言：这个民族一定会重新崛起！

这位司令就是美国前总统艾森豪威尔，他回忆说："即使在苦难中，也能给自己找乐趣，说明这个民族精神没有倒，如果在最

男人化妆
女人抽烟

困难的时刻，还保持着生活的乐趣，这是一种顽强的意志。"

　　生活总是难尽如人意，也许它是坎坷的，也许它是灰色的，但我们可以尽自己的所能调试，生活的调色板就在我们手中，哪怕生活中没有鲜花，也可以把树叶染成红色。

　　就正如那位在破烂窝棚教孩子吹萨克斯的难民，在常人眼里已经窘迫如斯，但他依然快乐地教孩子吹奏乐器，还摆放几盆小花，彰显生命的色彩。

　　这是一种生活的情趣，是一种人生的风情，越在困难中，越彰显可贵。

　　也许你会说，生活有时的确充满了艰辛与枯燥，哪里有什么情趣或快乐可寻呢？

　　事实却不尽然，著名作家沈从文在"文革"期间陷入了非人的境地，他几乎每天都要被人批斗，还让他去干最脏最累的活——打扫历史博物馆的女厕所，后来他还被下放到湖北咸宁接受劳动改造，那里经常下雨，天气阴沉，道路也十分泥泞，干起活来加倍困难。

　　如果换成是旁人，在面对这种困境时，恐怕不是疯掉也要痛苦万分了，但沈从文却好像一点也不在意似的，不仅如此，他在咸宁时给他的表侄、画家黄永玉写过一封信，信上说："这儿荷花真好，你若来……"

　　这一句话，竟将人由人间地狱带入了荷花仙境，这是何等生活的气度啊。正是与众不同的生活观念，造就了完全不同的生活境界，将烦恼与痛苦一掷千里，只留下一片芬芳与美好。

　　再比如，你能想象一个全身瘫痪、手不能写、口不能言、只

Chapter 1
夜晚晒太阳，白天数星星

有3个手指会动、被禁锢在轮椅上40余年的人，却让自己的思想遨游到广袤的时空、解开了宇宙之谜吗？

你一定知道这说的就是最伟大的物理学家霍金。他在如此困难的境地，却做出了正常人所难达到的成绩，这是为什么呢？

因为他会给自己的生活增添色彩——在他的卧室里，贴着性感女神梦露的巨幅画像，他喜欢看"007"系列电影、酷爱流行摇滚歌曲、爱听贝多芬的交响曲。照顾他生活的护士说，如果霍金不是善于给自己找乐趣，经常保持良好的精神状态，他可能活不到今天。

的确，生活对于每个人来说都是不同的，它会带给你意想不到的惊喜或困境，惊喜则罢了，困境却不是每个人都能面对的。面对不尽如人意的生活，你会不会让它就此失色下去呢？回顾教孩子吹萨克斯的难民、沈从文、霍金，一位位都没有让自己的天空变成灰色，他们以难以想象的方式，把自己的生活涂抹得绚丽。

也许你又生出疑问：我们该用何种方式寻找快乐，为生活增添色彩呢？这就要请教伟大的哲学家苏格拉底了。有一次，几个烦恼的青年找到苏格拉底，替我们，也替他们自己向苏格拉底提出了这个问题："我们怎么就寻不到快乐呢？"

苏格拉底没有正面回答青年的问题，而是对他们说："你们先帮我造一条船吧。"

几个青年人只好把寻找快乐的事放在一边，边学习技术边造船；过了一段时间，船造成了。

这时，苏格拉底带着他们登上了这条船，就在大家一起游湖欢歌时，苏格拉底问："你们现在快乐吗？"

男人化妆
女人抽烟

几个青年异口同声地回答："快乐极了！"

苏格拉底哈哈大笑，说："你们不是要寻找快乐吗？快乐就是这样，它往往在你为一个明确的目标，忙得无暇他顾的时候，突然来到。"

几个青年恍然大悟，原来快乐是不用寻找的，快乐每时都在自己身边，就在自己的工作和学习之中。

快乐本天成，妙手偶得之，它是信手拈来，不是刻意求得，正如《菜根谭》中语："一字不识而有诗意者，得诗家真趣。"

面对每天忙碌的工作，和琐碎的家务事，会给自己找乐趣的人，是生活的强者。人要活得有情趣，所谓情趣，决不仅限于抽烟、喝酒、打麻将，养花种草、吟诗作文、弹琴作画、对弈谈心，都是一种情趣。可以说，哪里有生活，哪里就有情趣的宝藏。

Chapter 1

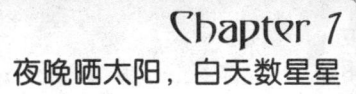

夜晚晒太阳，白天数星星

★ 心理小测试——你是生活高手吗？

在生活中，我们难免会觉得枯燥、乏味，觉得痛苦的时候要远多于快乐的时候，但这并不是绝对的，关键要看你如何经营生活。测测看，你会为自己的生活增添色彩吗？

1. 你和家人定期（至少一个月一次）在外面聚餐吗？
   A. 是　B. 否

2. 你听到音乐有跳舞的冲动吗？
   A. 是　B. 否

3. 你还保持着在学校时的一些习惯吗？比如说，写信、记日记、阅读、看光碟等等。
   A. 是　B. 否

4. 你最近一次进电影院是在什么时候？
   A. 一个月以内　B. 一个月以上

5. 你喜欢自助的旅行方式吗？
   A. 喜欢　B. 不喜欢

6. 你愿意尝试一些新奇的事物吗？如骑马、拉丁、滑翔、登山、潜水……
   A. 是的　B. 不感兴趣

7. 你看到"小强"的反应。
A. 大叫并且保持双脚离地　　B. 一脚踩死它

测试结论：

选 A 多：
你是一个很有生活情趣的人，虽然你知道物质的重要性，会为了它而努力拼搏，但你不会让它成为自己的负担与压力，能够在生活与压力间找到平衡点。你总会把生活安排得丰富多彩，属于会自己找乐子的人。即使你感到痛苦与压力，也懂得如何分散对它们的注意力，找到合适的渠道释放。让快乐维持得长久，是你最拿手的事情。

选 B 多：
相对于选 A 的人来说，你的生活有些乏味，总是过着朝九晚五的生活。一成不变的生活轨迹让你的生活趋于灰色，或许你对这样的生活有些麻木了，一时间还没有发觉有什么不对劲，但也有时，你会从心底感到对这种生活的厌倦，只是苦于找不到合适的方式。其实，生活是属于自己的，要将主动权掌握在自己手里。你一瞬间的决定，就会使你的生活有所变化。试着换一种与以往完全不同的生活方式，你会发现快乐会伴随着新鲜感而来，你的态度也会更加积极，这对你的工作和生活都是极为有利的。

Chapter 1
夜晚晒太阳，白天数星星

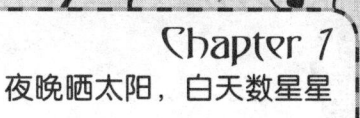

如果摆脱不了抑郁，就请改变生活方式

如果说一个红透影坛的明星会坐公交车、坐地铁出行，你会相信吗？

如果说这是影星张曼玉现在的生活方式，你会相信吗？

这也许令人难以置信，但这的确是真实的。

最近张曼玉在北京定居，在北京生活的这段日子里，她脱离了坐豪华轿车的生活，而是自己坐公车、坐地铁去办事，为什么她要改变自己原有的生活方式呢？

对此她是这样回答的："许多演员与现实世界没有连接，他们的世界就是大型豪华轿车、助理、经纪人，这样怎能够扮演真实人物？"

张曼玉认为，这样的演员最终会被淘汰，她很自信地说，经过这样的历练她会变成更好的演员。

这就是她改变生活方式的原因。是的，没有人能老用一个模式去套用在生活上，这样的生活如一潭死水，毫无生机可言，有什么理由一直继续下去呢？

如果问你："你对现在的生活方式满意吗？"

也许有些人会说："还可以吧。"

先别急着给自己的生活下定论，先来看看你是否有下面的感受：

你是否觉得有些压抑，不管是来自工作还是来自生活？

你是否觉得每日交给工作的时间多，留给自己的时间少？

你是否觉得周围的人总是活得比你轻松、比你快乐？

你是否常常感到疲劳，对什么都提不起兴趣？

你是否觉得自己的情绪很不稳定，两天高兴三天难过？

……

如果你有以上这些感觉，就说明你急需改变你的生活方式。也就是说，如果你习惯了夏天吹空调，冬天生炉子，那么不妨变成夏天洗桑拿，冬天去吹风的生活方式。

生活方式是一个内容相当广泛的概念，它包括人们的衣、食、住、行、劳动工作、休息娱乐、社会交往、待人接物等物质生活以及精神生活的价值观、道德观、审美观等。

有些时候，可能我们不觉得自己的生活方式有什么不好，甚至觉得自己一直是这样生活的，怎么会有什么问题呢。但其实，一直如此并不代表这就是好的生活方式。生活方式不仅反映了我们的价值观念，还决定了我们的生活是否快乐。

如果你的生活方式一成不变，或总是习惯性地、不假思索地

Chapter 1
夜晚晒太阳，白天数星星

延续下去，那么等待你的，将是不幸福的人生。

我们对生活方式的需求，就像选择服饰一样，不同的时期就会有不同的选择。那么我们在什么时期要改变自己的生活方式呢？

当你感觉压抑时

有数字统计，现在有越来越多的人感到压抑，甚至不同程度地患有抑郁症，身体呈现亚健康的状态。很多精神健康学的医师相信，仅用药物调整大脑化学物质结构是不够的，还需要改变人们的生活方式。

《美国新闻与世界报道》曾说，专家已经开始寻找 21 世纪影响人们生活方式的罪魁祸首。比如，有些人终日坐在电脑前而不与外界交流，这样的生活方式使越来越多的人患上抑郁症。现在每 4 个 20 多岁的年轻人里，就有 1 人表现出抑郁症的标志性特征：对什么都提不起劲，疲劳，甚至闪现过自杀的念头。相比之下，在他们祖父母的那一代人，每 10 个人里才有 1 人有这种感觉。

如果你感到压抑时，一定要改变你原有的生活方式，比如你习惯了晚睡晚起，那么不妨早睡早起；如果你习惯了下班回家，不妨找一个朋友彻夜畅谈；如果你习惯了应酬交际，那么不妨找一天下班就准点回家，无论你的手艺多么差，也要煮一顿晚餐给自己……

当你让自己的生活方式有所改变时，就能领略到不一样的味道。

当你感到疲劳时

如果你感到疲劳，就去运动吧！也许你会说："我都已经很疲劳了，为什么还要去运动呢？那岂不是要累死我了？"

男人化妆
女人抽烟

这种想法是错误的。现在从事脑力工作的人越来越多，也就是所谓的白领，他们整日都在办公室，偶尔跑跑业务、见见客户。这些工作量远远够不上体力劳动的强度，但是大多数白领仍然会感到疲惫不堪。这实际上是我们的心感到疲惫。

充足的锻炼对心情会有好的影响，有证据显示，一周3次燃烧350卡路里、持续出汗的锻炼能减少抑郁的感觉，经常晒太阳也有助改善季节性情感障碍症。当我们结束了一天的工作后，如果感到疲惫，不妨散散步，或在周末的时候打打球、爬爬山，改变在家睡觉、休息的生活方式，让自己的身体充分动起来，你会发现，在畅快淋漓地出了一身汗后，你的精神振奋了许多。

当你感到孤独时

我们常常能感到孤独，即使是在繁忙地工作时，也会感到自己和周围的人格格不入。有研究证明，一个人独处时间太长意味着给人带来"沉思的机会"，这是现代人痛苦的根源。研究显示，喜欢沉思的人患抑郁症的几率远远高于那些不爱沉思的人。

如果你已经习惯了一个人独处，不妨在工作之余，约上二三好友，在谈天说地中彻底忘掉忧虑，改变一下生活方式，你就有意想不到的收获。

不同时期有不同的生活方式

我们的生活方式不应该是一成不变的。人生的进程要经历不同的时期，各个时期的生活方式都应不尽相同，这就要求我们要有所区别，有所侧重。

比如，刚刚步入社会的你，需要把更多的时间用在事业上，你分给自己的业余时间可以少一些，但当你工作了几年，稍有成

Chapter 7
夜晚晒太阳，白天数星星

就后，就要改变以前那种不分昼夜打拼的生活方式，多留下一些时间给自己、给家人、给朋友；再比如，当你的生活比较快乐时，你可以按部就班地生活，而当你近期感到压力倍增时，就可以打破你的生活轨迹，按照完全不同的方式来生活。

男人化妆
女人抽烟

★ 心理小测试——该改变你的生活方式吗？

当我们还是小孩子的时候，一到晚上该睡觉的时候，总故意磨磨蹭蹭，不爱睡觉。这时，妈妈总是会半胁迫地说："再不睡，小心被鬼抓去啦！""老鼠都爱吃不乖的小孩，你是乖小孩，赶快去睡。"于是我们被吓得赶快爬上床，因为我们都很怕鬼和老鼠。

如果拿下列各项中的一项来恐吓你，你认为哪个最恐怖？

A. 青面獠牙的妖怪
B. 女鬼
C. 老鼠
D. 童话里的独眼怪兽

选 A. 青面獠牙的妖怪：

可怕的妖怪具有令人不安的因素，而平日最教你感到不安、压力大的就是"工作"了，有太多自己无法掌控的状况，你得随时为任何突发状况作紧急应对，也因此而倍感压力大、责任重，于是躁郁由此而生。

你必须要改变现有的生活方式了，如果继续如此，你只能每天背负着沉重的压力，并且这种压力会越来越大，让你的精神整日处在紧张状态，长此以往，你会变得焦躁、多疑、易怒，令你身边的人对你敬而远之。

选 B. 女鬼：

鬼是令人害怕的，但是女鬼又能令人遐思。你的躁郁来源是感情问题，这可是世界上最难解的习题了。面对感情世界的多种面貌与其

Chapter 1
夜晚晒太阳，白天数星星

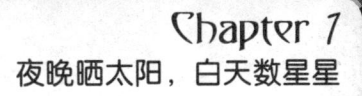

中的暗潮汹涌，你一向是束手无策，一定是每遇必输，而且输得灰头土脸的，久而久之，你也对爱情怯步了。

如果是这样的话，你应该在对待爱情的时候变换一种方式，多听些前辈的意见，不要总以为自己是对的，这有可能让你爱的人离你越来越远。换一种方式，你就会有意想不到的收获。

选 C. 老鼠：

所谓"过街老鼠，人人喊打"，老鼠是极受人憎厌的动物，它本身是处于不安的现状中，于是，你这种人说到生活，就马上垮了下去，因为烦琐的日常生活常教你不知所措。你经常是一个人邋遢地到公司，而且看上去总是睡眠不足的样子，以致整个人受到极大的影响，闻"生活"色变。

目前，改变生活最好的方式是讨一个媳妇，这样一来，生活有人帮你料理，又可以免去躁郁烦恼、增加生活情趣！

选 D. 童话里的独眼怪兽：

独眼怪兽是神话中才有的东西，它是虚构的、不现实的，你面对它会感觉到无力与不知所措。目前最教你烦恼的是人际问题。说起人际关系，可真是一门大学问，看似简单的人与人交往相处，实际上却是复杂多变的。所以，面对这门高深学问，不谙其中门道的你，当然是觉得处处得罪人，人际关系一塌糊涂！

建议你可以去上个课，或是跟有经验的人多多请教，理清自己的思绪，改变为人处世之道，相信不久以后你的躁郁情形一定会一扫而光。

男人化妆
女人抽烟

不去掉负重，又怎么站得起来

我们惧怕一无所有。

因为我们已习惯了这一种生活方式——予取予求，习惯生活给我们的一切。当生活剥夺了这一切时，也就是说你被迫要改变生活方式时，你是否有重新开始的勇气呢？让我们先来看这样一个故事。

当 20 世纪 30 年代，美国正在经历一场经济危机时，哈理逊纺织公司因一场大火化为灰烬。3000 名员工悲观地回到家里，等待董事长宣布公司破产和员工失业的消息。在漫长而无望的等待中，他们终于接到了董事会的一封信："本公司决定继续支付员工一个月的薪水。"

这个消息让所有的员工感到意外和惊喜，因为此时全美的经济一片萧条，他们本以为自己会被辞退。于是他们纷纷打电话或

Chapter 7
夜晚晒太阳，白天数星星

写信向董事长亚伦·傅斯表示感谢。

一个月以后，这 3000 名员工又开始发愁，他们认为，董事长不会再发薪水给他们了。可让他们意外的是，他们又接到董事长亚伦·傅斯的第二封信，他宣布，将再支付全体员工一个月的薪水。

3000 名员工接到信后，不再是意外和惊喜，而是热泪盈眶。在失业席卷全国、人人面临生计窘境的时候，能得到如此照顾，谁不会感激万分呢？

这下，员工们全都自发地涌向公司，主动清理工厂、擦洗机器，还有一些人主动去南方各州联络被中断的货源。三个月后，哈理逊公司重新营运了。

《基督教科学箴言报》是这样描述这个奇迹的："员工们使出浑身的解数，日夜不懈地卖力工作，恨不得一天工作 25 个小时，而过去曾劝董事长傅斯领取保险公司赔款一走了之以及批评他感情用事、缺乏商业精神的人，全都心甘情愿认输。"

时至今日，哈理逊公司已成为美国最大的纺织集团，分公司遍布全球五大洲六十多个国家。

无独有偶。1914 年 12 月的一个深夜，爱迪生的制造设备被一场大火严重毁坏，他损失了 100 万美元和绝大部分难以用金钱计算的工作记录和资料。

人们都以为爱迪生会痛苦悲伤，甚至走入绝望。然而大家想不到的是，第二天早晨，这位 67 岁的伟大发明家，依然在轻松惬意地散步，脸上没有一丝一毫的痛苦之色。当他站在饱含他希望和梦想的灰烬旁，笑着说了一句话："灾难有灾难的价值，我们的

男人化妆
女人抽烟

错误全部被烧掉了,那就让我们一切从头开始吧。"

对于亚伦·傅斯和爱迪生来说,他们尝试了一种全新的生活方式——坦然面对困境,不逃避、不放弃。

如果换了你是他们,你可能还存有幻想:像以前一样、像其他人一样或是怨天尤人,也许会有人帮我,也许我会渡过难关。

但幻想毕竟是幻想,第一,未必会实现;第二,它等于一种逃避。谁都知道,逃避是不可能有结果的。当你这样做时,就等于延续了你的失败。

也许你会说:"这并不能算是一种生活方式。"

但如果你看了下面这个故事后,也许会改变想法。

有一个很成功的商人,他头脑精明,做事果断,所以利润如海水般滚滚而来。但有一天,他被骗了,导致生意失败,他从百万富翁,一下子就变成了一个普普通通的老百姓。

可是他仍然极力维持原有的排场,唯恐别人看出他的潦倒与失意——宴会时,他租用私家车去接宾客,并请表妹扮作女佣,佳肴一道道地端上,他以严厉的眼光制止自己久已不知肉味的孩子抢菜。虽然前一瓶酒尚未喝完,他已砰然打开柜中最后一瓶XO。

前来做客的人都知道他生意失败了,但当他们酒足饭饱,告辞离去时,虽然都热烈地致谢,并露出同情的眼光,却没有一个主动提出帮助。

那个失意的商人非常失望,他感到寒心,自己平时对别人不错,可为什么自己一无所有时却没有人主动帮他一把呢?

一天,他一个人无聊地在街头散步,突然看见许多园林工人

Chapter 7
夜晚晒太阳，白天数星星

在扶正那些被台风吹倒的行道树。他们总是先把树的枝叶锯去，使得重量减轻，再将树推正。

那个商人感到很奇怪，树倒了直接扶起来不就行了吗，为什么还要先锯掉它们的枝叶呢？

他百思不得其解，就问园林工人这是怎么回事。园林工人笑笑说："倒了的树，如果想维持原有的枝叶，怎么可能扶得动？"

这一句话，令那个商人顿悟了，是啊，自己已经落魄，却还死要面子，想要维持原有的生活，这就如同不肯锯掉自己的枝叶，即使别人想扶你，又怎么扶得动呢？

从此后，他彻底改变了一种生活方式，放弃旧有的排场和死要面子的毛病，重新自小本生意做起，并以低姿态去拜望以前商界的老友，而每个人知道他的小生意时，都尽量给予方便，购买他的东西，并推介给其他的公司。

没有几年，他又在商场上站了起来。当记者问到他东山再起的秘诀时，他总是颇有感触地说："要想重新站起来，必须改变原有的生活方式和思维观念，只有倒空一切，你才能从头开始。"

是的，原有的生活方式是阻碍我们前进的绊脚石，当改变生活方式时，就等于甩掉了旧有的包袱，轻装上阵，你才能重新开始新的生活。

男人化妆
女人抽烟

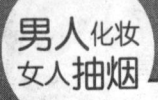

★星座心理——你有重新开始的勇气吗？

每个星座都有自己的性格特点，生活方式也各不相同，看12星座如何开始自己的新生活。

1. 白羊座

白羊座的人生性单纯，对人对事都没什么心机，喜欢有趣、新奇、古怪的事物。正基于此，他们很能接受新事物的开始。由于白羊座的人生性乐观，凡事都能往好处想，所以他们即使遇到挫折，也能很快地振奋起来，让自己精神饱满地开始新的生活。在他们看来，重新开始不过是改变了一种生活方式，像拿到一张白纸，可以从头在上面画上自己喜欢的图案。

2. 金牛座

金牛座的人有着中庸的个性，他们对于重新开始的这样一种生活方式，猛然接受起来会有一些不适应，会显得小心翼翼。但只要给他们一个新的目标，告诉他们方向在哪里，他们就会脚踏实地地开始追逐。但在开始之前他们也会好好地告别过去，起码心中会为那个过去的阶段画一个句号。好像感情，金牛座一定要遇到一个新的喜欢对象，才会完全放下上一个恋人，开始新恋情生活。

3. 双子座

双子座的人总是富于变化的，一个全新的开始对于双子座来说，并不是一个难事。他们好似一阵风吹走之前的一切而不带一点感伤，然后横扫新事物的全部。但是值得佩服双子座的是他们的理解力以及好学程度。对于新开始的事物，双子座总是能充满探索的兴趣，所以接受能力超强。比如让双子座开始一段在陌生国度的生活，他们并不会担心，也没有杂乱无章的胡闹，而是会快速地学习到那里的生活本领。

4. 巨蟹座

巨蟹座的人有一点保守、有一点念旧，对于过去的生活总是久久不能忘怀，特别是一些已经变成自己生活的一部分或者生活习惯。一草一木都能勾起他们对以往生活方式的回忆，很难找到重新开始的起点。即使有了一个新的开始，他们也会不断地拿出过去来与现在的比较，找到各自的优点与缺点。所以要巨蟹座摆脱一段历史是需要勇气与耐性的。巨蟹座是需要呵护以及教育的，这样才会让他们安心地朝前走。

5. 狮子座

狮子座的你对生活永远是高调的，无论是好的还是不好的总要变换着方式告知周围所有的人，如果有一个可以重新开始的机会，狮子座一定是还没有准备好如何开始新生活，却已经开始做宣传了，告知所有人他即将会怎样……不过这也许就是狮子座不太容易三分钟热度的原因吧，毕竟成了大家皆知的事情，又怎能轻言放弃呢？

6. 处女座

处女座的人有一些清高，如果生活即将重新开始，他们一定会把之前所有的事情全部洗刷干净，做好一切细节上的功夫。只有这样他们才能真正地投入到一个新的开始中，内心也才能认可这个起点，找到动力。

7. 天秤座

天秤座的人对于新的生活方式总是有些犹豫，他们瞻前顾后拿不定主意。可是当一切需要重新来过的时候，是由不得任何人犹豫的，你能做的只是往前走。天秤座的依赖心理很强，如果有一个人可以帮他们随时解惑答疑，那么可能天秤座可以对开始和结束做出快速反应，否则不然。就好像谈恋爱，天秤座也总很难对不爱的人说分手，也无法真正地面对新的恋爱对象，最终成为了脚踏两只船的人。

8. 天蝎座

天蝎座个性喜欢隐藏，如果在为一个新的开始而努力，那么他一定不会像狮子座那样大喊大叫，他们喜欢实实在在地做，不喜欢将自己的事情报告似的讲给别人听。他们对于过去可以完全地冷静处理，因为他们知道为什么会结束那段历史，又为什么选择了这样一个重新开始。比如他们开始了一轮减肥，也许偶尔一天你突然发现了他们在减肥，他们也只是轻描淡写地应答，其中的辛苦与痛苦会自己默默地吞下。

9. 射手座

射手座面对重新开始的局面，总会换一个城市或者换掉原本的生活环境。这并不是因为他们天性喜欢自由，喜欢变换。只是射手座的人性格太过直爽，太过重感情，他们没有办法在原有的环境中如常地生活。例如一段感情的受伤，射手座大多会选择离开这个城市，在他们看来，似乎只要离开这个城市就能够把伤痛永远留在那里。

10. 摩羯座

摩羯座的生活总是平平稳稳，不见有何大起大落，至少每一步脚印都曾是他们预料之内的。任何一次面对重新开始，摩羯座都会考虑到未来的很多事情，但他们并不会因为前景不好而悲观或者过于高

Chapter 7
夜晚晒太阳，白天数星星

兴，他们只是把所有的可能都想到，然后在自己的设想中坚实迈着每一步。如果摩羯座开始一项新事业，那么摩羯座会事先把所有的可能都假想一遍，届时哪种状况发生，他们都会不慌不乱地冷静处理。

11. 水瓶座

水瓶座对于开始的界限并不是很在意，对于他们的人生来说，似乎多了几分禅意。何谓开始，何谓结束，何谓成功，何谓失败，其实在水瓶座看来只不过是一场游戏。玩过一关即可以到下一关，并没有最终的尾声。他们的人生好像一部超长篇小说，每一个开始不过是书中的每一个章节，精彩只是在过程，只是在读者阅读时的乐趣，结局怎样其实并没有那么重要。

12. 双鱼座

双鱼座的世界里总是有那么一点点感伤，那么一点点自怜。对于一个新的开始，双鱼座总是忘记不了过去的经验教训，他们也总是喜欢在开始的时候总结失败的原因，也会随着失败次数的增多而变得越来越悲观。对于一个重新的开始，双鱼座基本上不会有什么美丽的幻想，而是把所有的可能都归结到发生率甚小的失败，先让自己饱受打击，每走一步都多了一声叹息。

欲望是前进的动力

人必须要有欲望!

没有欲望的人难以存活。

佛家有云:"无欲则刚。"但这里要说的是,有欲则刚,无欲则危!

为什么这样说呢?

当一个人无欲无求,生活就变得懒散、没有追求,既没有前进的动力,也没有对待困难的勇气,这时的你必是"危"的。所谓"危",即是危险之意。试想一个于生活毫无欲望的人,怎能不危险呢?

相比"无欲","有欲"则要刚强得多。当一个人有欲望时,他就有了生活的目标,有了人生的理想,他会为了追求自己的理想披荆斩棘,无论遇到多少艰难险阻也绝不放弃,这时的他们,

Chapter 1
夜晚晒太阳，白天数星星

是无比刚强的。

我们常常会说这样一句话："一个人的梦想有多大，他的事业就会有多大。"这里的"梦想"，就是欲望的别称，由此可见，欲望对一个人的推动力有多大。

"要成为一个成功的行销人员，就要有'欲望'，有'有为者亦若是'的欲望，'这个月要达到这个目标'的欲望，'要贡献社会、见贤思齐'的欲望，'要成为众人楷模'的欲望，然后是'要满足欲望的'欲望。要实现就必须有计划，但有时有了计划不见得一定会成功。"

这是柴田和子在1990年3月，在百万圆桌会议日本分会二十周年纪念大会上，以"道"为题所做的一个小时的演讲中所讲的话："当陷入极度的绝望中时，要想到，虽然我现在觉得很绝望，修正这个绝望却是神的教诲，是自我成长的踏脚石；要感谢自己没有遇到比现在更坏的情况。假如自己身处深渊底层，那么明天就该比今天好，因此要感谢这个绝望感。如果第二天更绝望，那么就要怀着揶揄的心情，看看究竟还要到什么地步来和'绝望'周旋。要向上看，抬头挺胸，步步成长。"

当我们细细品读这番话，就会发现柴田和子有着强烈的欲望，正是这种欲望，引领她到了成功的中心。这使得她在面对任何困难时，都能迅速调整自己的心态，如果没有欲望，是达不到这种境界的。

成功者的欲望比普通人的欲望更超过现实，所以当他们实现自己的欲望时，也比普通人站得更高。

我们都知道这样一个熟得不能再熟的故事：有一个很富有的

男人化妆
女人抽烟

商人,有一天,他终于停下了忙碌的脚步,到海边去度假。

他在海边边散步边晒太阳的时候,碰到了一个跟他年龄相仿的老渔夫。商人看老渔夫游手好闲地晒太阳,就很奇怪地问他:"你怎么不去打鱼呢?"

老渔夫问:"我今天的鱼已经打完了。"

商人又问:"天色还早,你可以继续打更多的鱼啊。"

老渔夫反问道:"我打更多的鱼做什么呢?"

"你可以用更多的鱼来换钱,然后换更结实的网、买更大的渔船、打更多的鱼。等你老了以后就可以无忧无虑地在海滩上晒太阳了啊。"

老渔夫听了笑呵呵地说:"我现在不是已经在海滩上晒太阳了吗?"

当第一次听完这个故事,你或许会佩服老渔夫的潇洒,佩服他对生活豁达的态度。但你若再仔细一想,就会发现,商人和老渔夫,代表的是两种不同的生活态度。

老渔夫的生活态度,更趋于无欲的境界,他打一天的鱼,过一天的日子,从来不肯给自己施加一点压力。在这种随遇而安的生活态度中,体现的是一种并不积极的思想。

他真的可以无忧无虑地晒太阳吗?也许他打完了今天的鱼,不用担心饿肚子,但明天呢?他的下一餐在哪里?也许海上就是惊涛骇浪,一个浪头也许能把他的小船打翻,从此葬身海底,永远看不到初升的太阳了。

这就好比我们当中的一些人:表情木然,行动萧索,心态落寞,他们唯一的心愿,就是眼前的局面能够维持,按月将工资拿到手

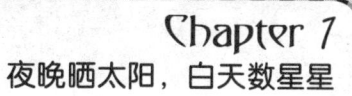

Chapter 1
夜晚晒太阳，白天数星星

中。他们本来是有足够的学识，有足够的能力以及资源来开创一番事业的，但是没有这样的欲望，他们觉得眼前的生活就足够好。这样的人，当生活有些突如其来的意外时，他们能不危险吗？

相比老渔夫，商人要幸运得多，正因为他对生活有着欲望，才会不断朝着目标去努力，直至成功。这时，他便有足够的财力来决定自己什么时候晒太阳，因为他已经事先拼搏出了人生的基础。多一点危机感，生活就会多一份从容，你可以决定什么时候晒太阳，相比渔夫，这更是一种大幸福、大快意了！

不要总想着禁止自己的欲望，禁欲的时代早已经过去，想要什么就努力去做，只要不违道德、不违法纪，你完全可以轰轰烈烈、堂堂正正地去追求自己的所欲所愿，因为——有欲则刚，无欲则危！

男人化妆
女人抽烟

★心理小测试——测测你的欲望值？

欲望是人们永远的话题，没有欲望便失去了生活的动力，你有多少欲望呢？恐怕连你自己也说不清，那就从拿杯子来看看你的欲望有多少吧。

如果你参加一场宴会，当服务生端着果汁给你，而托盘里的杯子有着不同分量的果汁，你会选择哪一杯？

A. 正准备要倒入果汁的空杯子
B. 半杯满的果汁
C. 七分满的果汁
D. 全满的果汁

测试结果：

选A. 正准备要倒入果汁的空杯子
你对金钱的欲望非常强烈，但是你却常常搞不清楚你到底有多少钱。你的欲望就是赚取更多的金钱，但你不晓得何时停步，也不懂得赚钱是为了更好地享受这种话，所以你只能算是一个很会赚钱的穷人。

选B. 半杯满的果汁
你是一个做事非常谨慎的人，所以对金钱的处理也是同样的谨慎，因此你是一个对金钱欲望不强的人。所以你不会为了赚钱而拼了命地工作，大多数时候，你总是看见别人有钱才想到自己应该努力赚钱，

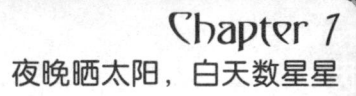

Chapter 7
夜晚晒太阳，白天数星星

而当你感到累的时候，就会放弃努力的想法，所以你的钱不多也不少，总是处在中等位置。

选 C. 七分满的果汁

你是一个凡事都会留后路的人，自制的能力很强，且不会轻易进行危险的金钱交易，所以你是一个对金钱欲望强烈也善于支配的人。这样的你，能够很好地把握生活节奏，既不会让自己处于无钱可用的寒酸地步，也不会让金钱牵着你的鼻子走。

选 D. 全满的果汁

你是一个非常贪婪的人，对于所有的东西都想尽收眼底，对金钱的贪婪极强，欲望也极强，你像贪吃蛇一样大口大口地吞咽着一切财富。要小心，该是你的才是你的，不要对不属于你自己的财富太过动心。

男人化妆
女人抽烟

丢掉最为依赖的东西

　　计算器代表的是现代化社会的生活方式，算盘珠代表着回归原始、亲近自然的生活方式，当这两种生活方式碰撞在一起时，谁能更胜一筹呢？

　　也许你会想当然地说："肯定是前者，这还用问，现代化的生活多方便快捷！"

　　可实际上却并非如此，让我们先来看一个故事。

　　康小姐最近遇上点麻烦，她觉得自己出现了幻听。每天她在上班下班的路上，总是听见自己的手机响，可是从包里掏出来一看，却没有任何动静。有时候她在家里，明明电脑没有开，可她却总听见QQ或MSN的响声。

　　康小姐不仅觉得自己幻听，而且还觉得精神恍惚，她总是每隔三五分钟就拿出手机看一眼，看看是不是有电话或者短信她没

Chapter 7
夜晚晒太阳，白天数星星

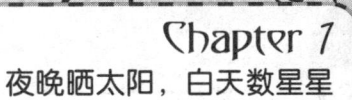

有听到，如果手机一个小时都没有响，她就会试着拨个电话，看看是不是手机坏掉了。

还有的时候，公司的网络断了，康小姐就坐在座位上面左顾右盼，不知道该做些什么好，她的工作和网络并不是密切相关，没有网也可以工作，但她就是塌不下心，只要看见自己的QQ头像是灰色的就干不下去任何事。

在家里的时候也是如此，康小姐早上起来的第一件事情就是把电脑打开，即使她根本用不着电脑，也要把它打开，然后才能正常地刷牙洗脸做其他的事情。

时间一长，康小姐怀疑自己是不是病了，或是得了强迫症，她感到很苦恼。

像康小姐的这种情况生活在现代化城市的很多人都有，这是一种对现代工具的强烈的依赖性，比如对电脑的依赖、对网络的依赖、对手机的依赖、对汽车的依赖、对电视的依赖等等。

这些依赖不仅造成生活的不便，而且还影响了我们的生活，有些人喜欢在网上聊天，用QQ、MSN交流，在论坛发帖子，没了网络就不知所措；有些人喜欢煲电话粥，发短信，手机一会儿不响他们就拿着手机翻来翻去，要是出门没带手机简直就会精神恍惚；有些人喜欢看电视，每天晚上坐在沙发上一直看到上下眼皮打架，要是没有电视就不知道这个晚上该做些什么；有些人开车开惯了，没有汽车就好像没有脚一样，不想出行。

的确，现代化的生活给人们带来了很多便利，不用出门就可以轻松地享受网购，不用看报纸也能从电视上得知天下大事，出门就开车。可是如果我们过多地依赖这些现代化的工具，就会带来很多不良的后果。比如沉迷于网络的人与人沟通的能力会大幅度下降，总用手机会使人感到紧张。

这些现代化的生活方式打破了我们早已建立起来的社会网络，打破了我们的人际关系脉络，这主要是由于这些现代化的工具很大一部分承载了人际沟通中的重要角色，一旦没有了，就好像与外界失去了联系，因而会令人变得紧张、焦虑、烦躁和不知所措等症状。

现代化社会依赖症大致分为几类：

手机依赖症

症状：

手机没电时心慌意乱，手机忘带时立时去取，手机不响时左顾右盼，手机一响就兴奋得两眼放光。

有些人由于工作需要必须频繁地使用手机，这令手机无意中成为了生活的一部分。当没有手机或来电数量减少时就会出现上述症状，它困扰着我们的正常生活，也为我们的健康埋下隐患。

电脑依赖症

症状：没有电脑不会写字，没有电脑不知道还能玩什么游戏，没有电脑双手不知道放在哪里。

在80后和90后的年轻人中间，字写得好看的人已经为数不多了，他们大多能熟练地使用电脑打字，但让他们动笔写字却七扭八歪。除了在电脑上玩游戏，他们已经不会去玩一些传统的小游戏了。

网络依赖症

症状：没有网络不知道做些什么，不上网没法安心工作，不

Chapter 7
夜晚晒太阳，白天数星星

上网就查不到任何资料，不用 QQ 或 MSN 就不知道如何找到一些好友。

电脑的普及以及宽带的家庭化都使网络依赖症患者日益增多，他们喜欢上网聊天，上网玩游戏，上网查资料，并且离开网络就郁郁寡欢，而且他们往往不知道自己的抑郁来自何处，因此也很难对症下药。

工作依赖症

症状：8 小时工作时间外还不停地工作，总觉得工作怎么也做不完，认为自己的工作做得不够完美，失眠多梦，疲劳忧郁。

这些人只有在工作的时候才觉得自己是真实存在的，他们需要别人对自己工作的评价来肯定自己，并会把这个当成衡量自我价值的唯一标准。这样的人往往缺乏安全感和自信心，他们只有在拼命工作的时候才觉得踏实。

药物依赖症

症状：不论胖瘦总喜欢吃各种减肥药，不论健康与否总喜欢吃保健品。

有一部分人总喜欢吃减肥药或保健药，总认为吃了就管用，但很多事实证明，吃了这些药也达不到应有的效果，钱却白白地花掉了。

化妆依赖症

症状：多发生在女性身上，认为出门不化妆等于出门没洗脸，绝不让男友看到自己没有化妆的样子，无论遇到多紧急的事也要先化妆再出去，如果实在来不及化妆就戴一副能遮挡半张脸的大墨镜，出门随身携带镜子一面、化妆品一套，随时随地照镜子补妆。

男人化妆
女人抽烟

有一部分女性多多少少有此症状，总觉得只有化妆才能展现出自己最完美的一面，如果没有化妆就没有自信，连走路也低着头，生怕别人看到自己没有化妆的脸。

整形依赖症

症状：对自己的形象十分不满意，主动去整形甚至多次整形。

现在有很多人去做整形手术，其中的一些人根本不必要做整形，但他们还是要求手术，并且一整再整，原因是他们觉得第一次手术做得不错，于是就想再把其他地方也做得更好看。这种整形依赖症一旦患上就很难劝服。

情感依赖症

症状：把感情寄托在某个人身上或某个物品上，一旦失去了就无法适应。

现代人的情感生活往往比较空虚，他们会把感情寄托在某个人身上或是某个物品身上，一旦在现实社会中受到挫折就会以他们作为精神支柱。过分的依赖会让自己习惯性地逃避现实，久而久之会有依赖症产生。

相比之下，古代人没有网络、没有手机、没有电视、没有娱乐城，可是他们却喜欢游山玩水，吟诗作赋，更加懂得修身养性，他们的快乐指数应该远远高于现代人。

如何才能减少对现代化工具的依赖，让我们多感受一下回归原始的乐趣呢？

每天狠心关手机至少一个小时

当你和家人或恋人在一起的时候，狠起心来把手机关上一个小时，安安静静地享受一段不受打扰的时光。也许在关机的那一

Chapter 1
夜晚晒太阳，白天数星星

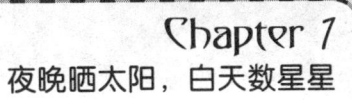

刹那你会觉得很难下决心，但真关上了也不会觉得怎么样了。狠狠心，凡事总要有个开始。

能见面就不用手机

如果你能够和朋友见面，就不要用手机聊天。多抽出一点时间去拜访亲朋好友，和他们面对面地畅谈一番，你会发现不一样的乐趣。

不依赖网络查资料

大多数人习惯了有什么问题就拿到百度或谷歌上面搜，完全不用费大脑和体力。从现在开始，在查询一个问题的时候尽量不用网络的帮助，亲自查书或使用其他的方法，虽然费一些时间和精力，但我们要做的不就是换一种新的生活方式吗？

下一盘棋好过看一小时电视

不要总盯着电视看，找个好友对弈一局，从中享受动脑的乐趣不也很好吗？

多参加联谊活动

依赖现代化工具的后果之一就是大大减少了和人直接接触的几率，不妨重建自己的交际圈，在业余时间参加一些联谊活动，和几个好友交流近期的心得，一方面排解了自己的不良情绪，另一方面也增长了自己的见闻。

当你使用过以上的方法一段时间后，你就会发现自己重新变得精神抖擞、焕然一新了。

这种现代化社会依赖症是一种心理疾病，只要能够正视它，通过一些方式去调整自己的生活就可避免或者缓解这种症状。

★ 心理小测试——你有现代化社会依赖症吗？

虽然现代社会带给了我们方便快捷的生活，但是也让我们产生了依赖，这种依赖束缚了我们，让我们变得抑郁。那么你有没有现代化社会依赖症呢？一起做做下面的测试就能得到答案了。

1. 你是不是总把手机带在身边，如果出门忘了带就感到心烦意乱呢？

    A. 是的，我一会儿也离不了手机（1分）

    B. 不是，没有就没有（0分）

2. 如果你的手机长时间不响，你是不是会反复地看手机，或者以为它是不是坏掉了？

    A. 是的，我已经习惯了手机经常响（1分）   B. 不是（0分）

3. 即使在你远离电脑的时候，你是否也总能听见QQ或MSN在响呢？

    A. 是的，我常听见聊天工具在响（1分）   B. 不是（0分）

4. 如果突然掉线，上不了网，你是不是觉得不知道该做些什么？

    A. 是的，我感到无所事事（1分）

    B. 不，我还能找到别的事情做（0分）

5. 如果晚上突然停电，看不了电视，你是否无事可做，感觉简直要疯了？

    A. 是的，不看电视能干什么呢（1分）

Chapter 7
夜晚晒太阳，白天数星星

B. 不是，我还可以下楼遛弯儿（0分）

6. 你是否在晚上睡觉的时候也不关手机？
A. 是的，我怕会有人找我（1分）
B. 我会在睡觉的时候关机（0分）

7. 你是否觉得自己不化妆就不能见人？
A. 是的，只有化了妆才是最漂亮的（1分）
B. 我不化妆也一样（0分）

8. 如果你的手机没电关机了，你还能找到备用的通讯录？
A. 是的，我还把通讯录写在了本子上（0分）
B. 都在手机上呢，关机了我就找不到任何人（1分）

9. 你是不是觉得只有吃保健品才能保持你的健康和容颜？
A. 是的，它有助于我的健康和美容（1分）
B. 吃不吃都一样（0分）

10. 如果让你离开这个城市，独自到乡村生活，你是否觉得难以生存？
A. 是的，我只能在城市中生活（1分）
B. 不是，我到哪都能生存（0分）

测试结果：

0分~3分

恭喜你，你没有得现代化社会依赖症，你能充分享受高科技生活为你带来的便利，又能脱离它们快乐地生活。

男人化妆
女人抽烟

4分~7分

你有中度的现代化社会依赖症，如果没有了这些现代化的生活工具，你就会觉得不知所措，甚至不知道自己能够做些什么。

建议你多做一些户外运动，不要整天闷在家里，尝试着不用任何工具徒步走完一千米甚至更多，你会觉得心情格外舒畅。

8分~10分

你对现代化社会的依赖已经很严重了，如果脱离了那些高科技的工具，你简直就不知如何是好了，甚至连出行都有困难。你要多多注意，不要再让自己继续下去，可以多培养一些爱好，比如打球、下棋、画画儿等，这对你的身心健康都是有好处的。

Chapter 1
夜晚晒太阳，白天数星星

富是锦上添花，"穷"是人生真谛

几乎人人都想成为富人，这是毫无疑问的。

在大众眼里，富人代表了地位，富人代表了品味，富人代表了高质量的生活，富人代表了呼风唤雨，这一切的一切都令人对富人心向往之。

在网上曾经有一个调查，大多数白领认为，除了有车有房外，还得有三五百万才能有安全感，只有足够的金钱，才能感到安全、幸福。为了拥有更多的金钱，我们背负了太多沉重的负担，甚至丢掉了本应有的快乐。可是，就在我们苦苦追求金钱时，却有一些富人，过着比穷人还要穷的日子。

香港商业巨子霍英东，可以说是富甲一方，他创造的财富令很多人羡慕。如果让你想象一下这位富豪的生活，大多数人的脑海里都会浮现"宝马香车"、"山珍海味"、"绫罗绸缎"等等诸如

男人化妆
女人抽烟

此类的词汇，但令人惊奇的是，霍英东的生活和人们想象中的相去甚远，据他的好友，同样是商业巨子的曾宪梓先生说："他（霍英东）对鲍鱼等名贵菜很少动筷，他喜欢吃玉米。"

喜欢吃玉米，这个答案真是出乎很多人的意外，而实际上，霍英东已经远远不是喜欢吃玉米这么简单了，而是数十年如一日只吃玉米！

据香港著名企业家陈永棋说："多年来，我印象最深的就是有一次到霍先生家里办事，他正在吃两个玉米，那就是他的晚饭。"

陈永棋当时很是奇怪，问霍英东为什么晚饭吃得如此节俭。霍英东就对他说："节俭养生利于健康，玉米是最好的食物。"

后来，霍英东的长子霍震霆告诉曾宪梓，父亲每次出差，视时间长短，总要带一皮箱乃至更多的玉米。

曾宪梓听了很是诧异，就追问霍英东，问他四处奔波如何制作这些玉米呢。霍英东的回答是：简单煮煮就可以吃了。如果实在不能煮，就用开水泡一下吃。

其实，霍英东的节俭远远不止于吃，在穿着方面同样如此。曾宪梓和霍英东相识了几十年，从未见霍英东穿过什么好料子的衣服，只要是舒服、整洁就行。而且霍英东也没有雇什么保镖，只有一个司机开着一辆旧车接送他出入。

看了霍英东的这些生活习惯，真是很让人吃惊，这哪里是富豪呢？分明就是个普通人，甚至还只能算是个穷人。

这不禁令人想了，难道一个人辛辛苦苦创下那么大的家业，就只是为了吃玉米？

然而，世上的事情远不能如此衡量。

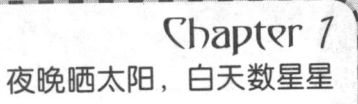

Chapter 1
夜晚晒太阳，白天数星星

生活是否快乐，和有钱与否无关，这已经是很多人都认可的真理。的确，人在贫困的时候，往往能够同心协力、不离不弃，可当有了钱的时候，却和身边的人越来越远，甚至分崩离析。

曾有人说，没钱的时候快乐不是钱的功劳，有钱的时候不快乐也不是钱的错。克里希那穆提则发了更加精彩的一问："到底有没有'成就'这样东西？还是它只是人类追求的一个观念而已？因为你即使达到了目标，永远都还有一个更远的目标在前面等待你去完成。只要你追求任何方面的成就，你就不可避免地会陷入奋斗和冲突之中，不是吗？"

克里希那穆提口中的"成就"在一定范围内就是我们所讲的金钱，的确，再多的钱也带不来快乐，而且越有钱的生活往往越复杂，你不得不为支撑起庞大的家业操劳，不得不担心竞争对手随时会超过你，不得不担心身边的人是不是会对你虎视眈眈。这一切的一切，都让你的生活变了味道，虽然拥有无数的财富，却失去了简单的快乐。

值此时，你要做的，就是回归原始，做最穷的富人，像霍英东一样，吃最简单的食品，穿最简洁的衣服，把生活简化到几近原始，你会发现，你找回了最快乐的日子。

其实，再多的财富也不能跟随我们一辈子，生不带来，死不带去，是对财富的最好诠释。就如同大文豪托尔斯泰，他生前的居所，只是一栋简单的白色木制小楼，里面除了普通桌椅、床具外，再也找不到更多器物。

如果没有人指导，大多数人都会错过托尔斯泰的墓地，它只被一丛绿树掩盖，即使你拨开绿树，也找不到墓碑、文字或是任

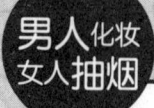

何标志，如此简陋的墓地并不会使人们遗忘了它的主人，他穷得抖擞，富得长久。

由此可见，富人未必过得富。如果你此时已经家财万贯，也不妨试着做一个最穷的富人，如果你此时正在追求财富，也不必让自己太过辛苦，无论如何，顺其自然才能求得心灵的快乐。

Chapter 7

夜晚晒太阳，白天数星星

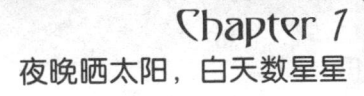

★ 心理小测试——测试你的金钱依赖症？

有一天，你发现家里乱七八糟，于是想到要做个大扫除，你会先丢掉哪些物品呢？

A. 旧衣服
B. 体积过大的老电器
C. 零零碎碎的小东西
D. 过期的旧书杂志

选 A：旧衣服
你的赚钱能力很强，但是花钱能力更强。所以虽然你常常能挣来大笔的银子，也还是经常会为钱而发愁。你终日在想着如何挣钱以及如何花钱，大部分精力都消耗掉了，以至于没有时间停下来，静静地欣赏周围的景物。

建议合理地安排生活，不要把眼光过多地集中在金钱上，要知道，钱赚得再多也不等同于拥有幸福，学着变换一种生活方式，你会发现不一样的乐趣。

选 B：体积过大的老电器
你的性格天生冲动，看到喜欢的东西就挥金似土，不擅长理财的你常常被财政赤字弄得头疼不已，让原本平静的生活也多了一丝烦恼。要切记，财富是为我们的生活增添色彩的，不应该被它牵着鼻子走。

选 C：零零碎碎的小东西

你比较谨慎，从不乱花钱，但又懂得享受金钱带给你的富足生活。这样的你能够驾驭金钱，不为它所困，不为它所恼，是真正懂得财富价值的人。

选 D：过期的旧书杂志

在朋友眼里，你是个铁公鸡，一毛不拔，节俭是你的美德，美中不足的是，你过于吝啬，以至于只会存钱不会享受，常常是当了金钱的奴隶还不自知。要多一点驾驭财富的能力，不要让它变成你的负担。

Chapter 1
夜晚晒太阳，白天数星星

一滴水可以生出整个世界

　　曾经听过这么一则故事，有一个老和尚在洗澡，洗澡水太烫了，他就让一个小和尚提一桶冷水来，把烫的水冲凉一点。

　　小和尚奉命提来一桶冷水，倒在了老和尚的洗澡水中。桶里的冷水只倒了一半，洗澡水的热度就适中了，于是小和尚顺手把桶里剩下的冷水倒掉了。

　　老和尚看见了很是生气，他对小和尚说："你怎么能把水就这样倒掉呢？要知道，即使小如一滴水，也可以止渴、洗澡，或是浇树浇花。只要水不浪费，它就会永远活着，你又凭什么浪费寺里的一滴水呢？"

　　小和尚听了老和尚的一番训斥以后，非但没有生气，反而开悟了，认为师父说的有理。

　　的确，一滴水如果用来浇花，就会开出鲜艳的花朵；如果用

男人化妆女人抽烟

来种树，就会发芽、开花、结果；如果把它拿给一个在沙漠中行走即将渴死的人来喝，就挽救了一条生命。这样的水才是有价值的，它也会以另外一种形式继续存活下来。反过来说，没有被珍惜的一滴水，它就是没有生命力的，也是毫无价值可言的。

看完了这则故事，再来看看文章的题目，或多或少可以给人一些启示。从扔东西到捐东西，这是现今社会的流行趋势。我们每个人都曾经面临着这样的问题：

旧东西自己用不着，摆在屋里浪费空间，扔了又可惜，还有六七成新，送人别人肯定不要，怎么办呢？

高小姐就有过这样的烦恼，前些日子她搬家，整理出来一大堆半新不旧的东西，报纸杂志这些自不必说，还有一些多年都穿不着的衣服，这些衣服大多数都有八九成新，都是她一时头脑发热买回来的，买回来才发现不适合，根本没穿过几次，摆在家里太占地方。

除此之外，她还想淘汰一批家用电器，音响、电视、洗衣机、热水器、大衣柜、沙发都不想要了。

可让高小姐为难的是，她不想把这些东西带进新家了，想要处理掉，但是这些东西都有六七成新，如果当做废品卖掉根本卖不了几个钱，顶多给个一两百块钱，太不划算了。

正在高小姐为此发愁的时候，朋友打来了一个电话，问她那里有没有穿不着的旧衣服。高小姐不知道朋友要旧衣服干什么。

原来，朋友得知一个地方可以给贫困山区的人们捐献旧衣服，他就把自己穿不着的衣服整理了一下打算捐出去，顺便打电话给高小姐，想问问她有没有旧衣服可以一起捐。

Chapter 7
夜晚晒太阳，白天数星星

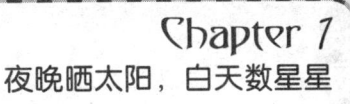

高小姐一听正中下怀，自己刚刚整理出来的那些衣服正好可以派上用场，既可以给屋子腾出空间，又可以帮助别人，于是她让朋友到她家来取。

当朋友到高小姐家拿旧衣服的时候，发现旧电器摆了一地，顺口就问："这些东西如果不要也可以捐出去。"

"真的吗？这也能捐？"高小姐感到意外。

"当然了，这些东西这么新，你不要可以送给有需要的人啊。现在专门有社会捐助接收站，接收大家的捐赠。"朋友说。

高小姐认为这确实是处理这些旧东西的好途径，于是把东西全都一起拉到了社会捐助接收站。

本来高小姐对自己的作为根本没有在意，但令她万万没有想到的是，当接收站把她捐出去的热水器送给一个身有残疾、家境贫困只靠低保生活的老人时，那老人竟然感激得哭了，他家里根本买不起热水器，只能用水壶烧些热水擦擦身上。老人对捐赠人高小姐一谢再谢，弄得高小姐又感动又惭愧。

从那以后，高小姐发动身边的亲友都把自己用不着想要扔掉或卖掉的东西捐到接收站，大家都觉得，能够利用闲置资源帮助别人真是一件再好不过的事情。

曾有一度，有些人要不一咬牙把旧东西全扔了，有些人要不就把它们扔进屋子的角落，任它们落满灰尘。这两种方法显然都不很可取，所以现在越来越多的人走入了捐东西的行列。既能废物利用，又能帮助别人，还为自己节省了家里的空间，何乐而不为呢？这已经变为了一种时尚，更确切地说，是变成了一种生活方式。

这种环保、充满友爱的生活方式，带给我们与扔东西完全不同的感受，不仅仅止于"扔"这个动词冷冰冰的含义，更有"捐"这个动作充满了感情体验，这就和文章开头所讲的一滴水的故事有相似之处，一样东西如果被扔掉，那它如同那半桶被倒掉的水，已经死亡了，毫无生命力，而如果它被捐出去，则会融入下一个家庭，会改变他们的生活状况，提供给他们一些便利，这样的东西就是活着的，是有价值的。

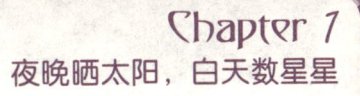

Chapter 7
夜晚晒太阳，白天数星星

★ 心理小测试

——你会将身边的旧物变得更有价值吗？

假如你和同事一起负责一项工作，但此项工作出了差错，你和同事商量要对老板隐瞒。此时，你们被老板单独叫去问话。你并不清楚同事如何向老板陈述，更不清楚他是否把责任推在了你身上，此时你会如何对老板述说原委？

A. 不管同事怎么说，自己实话实说
B. 心里反复想同事是不是已经把实情全说了，万般犹豫之下，自己只得和盘托出一切
C. 同事应该不会把实情全说出来，所以自己也不能说
D. 不管同事是怎么说的，自己绝对不会泄漏半句话

测试结果：

选 A：不管同事怎么说，自己实话实说
你花钱一向大手大脚，喜欢摆阔，钱包里的银子永远像流水一样。你不会考虑旧物的利用价值，更不会想到把它们重新利用起来。不妨开源节流，多多重视身边的旧物，让它们发挥自己最大的功效，既为自己节省了银子，又为环保作出了贡献，何乐而不为呢？

选 B：心里反复想同事是不是已经把实情全说了，万般犹豫之下，自己只得和盘托出一切
相对于选 A 的人来说，你比较喜欢对旧物动一些小心思，但你

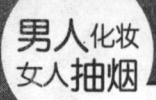

的潜意识里不断想要更多的东西，无法克制自己的欲望，所以你无暇对旧物花更多的时间，也不会去尽力体会它的价值，不妨把眼光放在你身边的东西上，你会发现它们远比你想的更有价值。

选C：同事应该不会把实情全说出来，所以自己也不能说

你比较懂得珍惜身边的旧物，能够看到它们的价值，也喜欢跟其他人一起分享，但有的时候，你有些"小心眼"，一方面你用不着那些旧物，另一方面又舍不得捐给别人，这样可不好哦，要小心，别让这些旧物绊住了你。

选D：不管同事是怎么说的，自己绝对不会泄漏半句话

你非常明白旧物的价值，绝对不会平白无故将它们扔了，但你身上有守财奴的特质，会不惜一切守住自己的东西，不愿意跟别人分享。

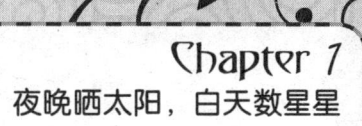

Chapter 7
夜晚晒太阳，白天数星星

谁能躲过漫山遍野的孤独

谁能躲过那漫山遍野的孤独？

面对这一问，恐无人能应。

是的，谁不害怕孤独呢？尤其在这个钢筋水泥筑就的城市，人与人之间的距离有时如天涯般遥远。当忙碌谢幕时，孤独就涌上心头，如蚀骨般令人痛苦。于是千方百计地令自己从这种感觉中摆脱出来，约会、逛街、蹦迪、K 歌，看似把生活弄得丰富多彩，但当一个人沉静下来时，却发现孤独以排山倒海之势袭来。

这是为什么？

全因你的心灵无法平静！

曾记得看过一个故事，一个国家的总统，因政治原因居住在一所寺庙之中。在寺庙里，他得到了从未有过的平静，不看大堆的文件，不用听取汇报，不用召开会议，也不会接见外宾，他每天所做的事情，仅只是拜佛念经。

有一日，寺庙的住持去禅房看望那位总统，总统很奇怪地问住持："真是奇怪，为什么你这里的桂花这么香？"

住持反问："哪里的桂花不香呢？"

总统说："我总统府院子里的桂花就不香。"

住持说："我这里的桂花就是从总统府移栽过来的，品种是一样的，怎么会此香彼不香呢？"

总统无语，一头雾水。

冬天到了，住持又命人搬来一盆夜来香放在总统的禅房之中。总统又对住持说："你这盆夜来香一定是名品吧。它不但夜里香，连白天也是香的。而以前我家里的夜来香就一点也不香，夜里都不香。"

住持说："这只不过是从寺院里随便挖来的一棵夜来香，是再普通不过的一个品种。"

总统感到很不可思议："这怎么可能呢？"

住持笑笑说："您之所以现在能闻到花香，可能是心境不同了吧。"

住持所指的心境究竟是什么呢？

是大起大落后的孤独，是人生低谷时的寂寞，正是这种孤独这种寂寞，让总统闻到了花香。

不难想象，当总统在官场中呼风唤雨时，他日理万机、纵横捭阖、指挥着千军万马，他有多少时间停留下来嗅一嗅花香呢？当他住进寺庙，在这一小方清静之地拜佛念经时，才腾空了心中的杂物，让孤独带领他嗅到花香，这不能不说是孤独之功。

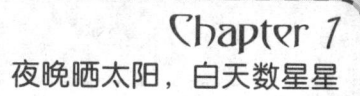

Chapter 7
夜晚晒太阳，白天数星星

就如同此总统，我们身边的很多人都是如此，当我们为事业为生活打拼时，有谁能静下心来感受点滴的美好？因此说，孤独并不可怕，正是孤独，帮你卸掉了身上的包袱，正是孤独，帮你清除了心中的杂念，正是孤独，带你领略不一样的人生。从这个意义上说，人是需要孤独的。

也许你会说，孤独确实让人难以忍受，那么孤独时我们应该怎么做才能既平静，又能从中得到一些感悟呢？

接受孤独

首先我们要接受自己正处在孤独的境地这一现实，不要害怕承认，更不要对它感到痛苦。尝试着说服自己坦然地面对它，无论你能不能忍受孤独，都要首先学会接受这个现实。

不要盲目地找方法躲避孤独

有些人很害怕孤独，所以当他们一感到孤独时，就会给自己找一些娱乐项目，或约朋友吃饭，或去蹦迪K歌，或去逛街购物，这些其实并不是一个好的方法。当你这么做的时候，可能会暂时忘掉孤独的感觉，但这并不等于它消失了，只不过是隐藏在炫目的繁华背后，当你重新沉静下来时，那份孤独又会浮出水面，而且会愈演愈烈，你甚至会觉得巨大的孤独感要将你吞噬。

把孤独看成一种平静

不要总想着孤独如何可怕，要把它想成一种平静、一种安详，你的心便会沉寂下来，此时，你可以保持一颗清醒的头脑，这为你理清自己的思绪与生活奠定了良好的基础。

反省自我

我们对"吾日三省吾身"这句话并不陌生，也都十分懂得其

中的道理，但真正能做到的人并不多。要知道，在孤独的时候，正是反省自我的最佳时刻，想一想自己近期的为人处世，行为举止等，也许会有所收获。

去掉陋习

很多人在孤独时喜欢用酒精、吸烟等一些不良的习惯麻痹自己，当他们吞云吐雾时，内心的忧伤仿佛得到了释放，但这也仅是仿佛而已，孤独怎么会因此而消散？因此，要去掉这些陋习，保持一个良好的生活习惯。

培养一种爱好

找一种自己喜欢的事情来做，或弹琴，或作画，或养花，或种草，这些爱好能够陶冶情操，为自己找到生活的乐趣。

参加有意义的活动

如果感到孤独，不要总是去参加娱乐活动，因为那只能让你在人群中感到更加孤独。试着去参加一些有意义的活动，比如植树，去敬老院或孤儿院做志愿者，这些有意义的活动能让你在接触别人的同时感受到生命的意义。

孤独是一种人生境遇，享受孤独是一种人生境界，学会享受孤独吧，那将是一个人的幸福……

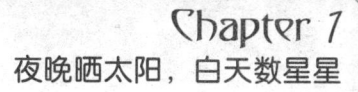

Chapter 7
夜晚晒太阳，白天数星星

★ 心理小测试——你害怕孤独吗？

有些人害怕孤独，每到孤独时便会痛苦悲伤，但有些人能享受孤独，让孤独为自己带来别样的人生乐趣，你到底是哪种人呢？做了下面的测试就有了答案。

如果你刚刚搬了新家，装修得非常漂亮，电器和家具也已经摆放就位了，但此时客厅里还少了一张沙发。你会选择下面哪种图案的沙发摆在新家的客厅呢？

A. 经典的苏格兰格子花纹
B. 美丽的贝壳图案
C. 艳丽的花朵图案
D. 不规则的几何学图案
E. 可爱的天使图案

测试结果：

选A：极度害怕孤独

你是一个非常害怕孤独的人，因为你天性温和，喜欢与家人、朋友在一起，所以你很怕失去他们，如果你长时间独自在外，会因此远离了熟悉的亲人和朋友而感到没有温情、没有欢乐，这种孤独对你来说简直比死还可怕。

建议你多去关注身边的陌生人，即使他们跟你不熟悉甚至不认识，也要给他们一份亲切的笑容、温和的话语，他们和你的回应能够消除你心中的孤独。

选 B：害怕孤独却眷恋孤独

你是一个感情细腻的人，对人生的喜怒哀乐总是十分敏感，你很有博爱的思想，对周围的人、对陌生人、对整个地球都报以爱心，你喜欢和别人待在一起时的和平安详的氛围，总是希望自己的生活永远是这样，可有时你又喜欢独自生活，享受完全没有他人的时间和空间，不过如果待得时间久了，你就会感到压抑，希望有个人能陪在你身边。

建议你试着关注一些你不太注意的人，也许你会从他们身上发现一些小惊喜。

选 C：喜欢众星拱月，讨厌孤独

你是个比较外向的人，喜欢热闹，常常参加一些聚会活动，你特别喜欢身处人群中的感觉，渴望成为众人瞩目的焦点，让别人听你说话是你最大的享受。为了让别人能够更加注意你，所以你虽然讨厌孤独，却又经常故意在人群中摆出一副孤独的样子，把自己孤立起来，以引起别人的注意。

建议你多给自己留出一片安静的空间，把心沉静下来，好好规划一下自己的未来，想一想自己到底要些什么。

选 D：孤独的独行侠

你身上天生有一种孤独的气息，如果在古代，你一定是一位独自闯荡江湖的独行侠。在你眼里，世间万物都是过眼云烟。你不会在人群中过久地逗留，总是喜欢自己在幕后做一些事情，做完了后就悄悄地走开。这样的你可能会在无意之中伤害了别人也不知道，并不是所有的人都习惯你的独来独往。

建议你多考虑一下别人的想法，多尊重别人，不要让孤独变成一种冷漠。

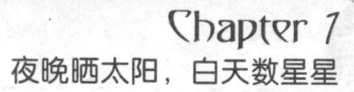

Chapter 7
夜晚晒太阳，白天数星星

选 E：请学习享受孤独

其实你很害怕孤独，只有在人群当中才能感到自己的存在，但内心深处却又因周围的热闹而更感到孤独，周围越热闹，你的孤独感就越强。这样的感觉让你常常觉得惶恐而不知所措，建议你多培养自己的兴趣，可以在艺术上或宗教上找寻心灵的寄托，这远比依赖人群才能生存下去要好得多。

男人化妆
女人抽烟

简单使人快乐，繁杂令人忧虑

为什么我们总感到压力太大？

为什么我们总感到心烦意乱？

为什么我们总感到疲于奔命？

一切都是因为我们将生活设计得过于繁杂，须知道，繁杂是祸，简单是福——繁杂带给人烦乱，使人忧虑，是祸；简单带给人明快，使人快乐，是福。

我们常常生活在焦虑之中，为自己设计了很多角色，也要承担很多事情。在工作中，我们是员工或是领导，对每一次考核都战战兢兢，对每一次竞争都耿耿于怀；在恋人面前，我们是完美的对象，不停地找寻最美丽的鲜花送给心上人，不停地做各种事情让对方开心；为了孩子，我们要做更多的事情，想办法让他们进重点中学、就算加班加点也要给他们挣出请家教的钱。

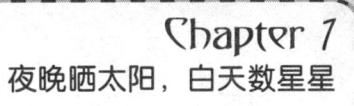

Chapter 7
夜晚晒太阳，白天数星星

当我们常常这样生活时，就将自己置身于压力中，没有宣泄渠道，压力一直累积，身心失衡，往往就会促发焦虑症。

有许多人也试图改变这样的状况，于是他们用了很多方式来刺激已经麻木的自己，比如，长时间看电视、上网、去 K 歌、蹦迪。但这样的方式非但没有解决自己的烦恼，反而让心情更乱。其实，要解决这样的烦躁感，简化生活才是一个正确的选择。

有一个白领，他也有着这样的困扰。每天他要面对上司，也要面对下属，回到家还要承担起丈夫、父亲的责任。多重的压力让他疲惫不已，他试图改变这一切，于是就经常约朋友出去喝酒、聊天，或是上网宣泄，但这并没有让他轻松下来，依然郁郁寡欢。

他很苦恼，不知道怎么才能改变现在的生活。有一天，他带着抑郁的心情下班回家——这种心情似乎已经成了他的习惯，每天都是如此。他走着走着，忽然看见路边的草坪里有两个小孩子，一个男孩，一个女孩，他们正在用小手开心地玩着泥巴。

他们在用泥巴做一顿丰盛的宴席，有饺子，有鱼，有菜，小女孩还捏了很多盘子和碗，整整齐齐地摆在地上。

两个小孩子还一起捏了一只小猫和一只小狗，让它们"坐"在那里"吃"东西。当他们完成这一切以后，开心地欣赏着自己的作品，像一流的艺术大师一样。此时此刻，那幸福的心情，只有他们自己能够体会得出来。在那一刻，他们是这个世界上最幸福的人。

那个心情抑郁的男人看着两个小孩子笑得那么开心，突然豁然开朗，为什么那两个小孩子玩个泥巴都能那么快乐呢？就是因为他们的生活非常简单，该玩就玩，玩累了回家。而自己的不快乐就是因为把生活弄得太复杂，做这件事的时候还得想着那件事，总觉得

男人化妆
女人抽烟

不尽如人意。

从那天起,他学着把生活中的事一点点减少,把不必要的事物删除。当他这样做了的时候,发现心里有更多的空间可以思考,感觉更加实在,生命有了活力,心情再也不颓丧了。

我们如何来使自己的生活简单起来呢?

设立合理的目标

要让生活简单,目标一定要合理。有些人总是有着过高的期待和要求,这样的目标是不容易实现的,当无法实现时,自然心中就会涌现痛苦、不甘的滋味。不妨适当降低自己的目标,顺应自己的能力,以平稳的态度完成自己应做的事,心情自然就快乐。

不要盲目地羡慕别人

攀比是我们将生活繁杂化、痛苦化的根源。当你总拿自己的短处与别人比较时,就会有不平衡的心理。这种心理的产生,就搅乱你平静的生活。换个方式来生活,不要总是活在比较中,偶尔阿Q一下也无妨。

将思维简单化

有些人最容易钻牛角尖,总是把一件事情翻来覆去地想,想着想着就觉得谁都对不起自己,觉得世界是这么的不公平。

试着改变你的思维方式,只要把握住原则问题,剩下的事情不必斤斤计较,偶尔可以做个头脑简单、四肢发达的开心人。

回归简单生活

你有多久没散过步了?丢掉车子,或骑上一辆脚踏车,到田野感受小草的清香和泥土的芬芳。

你有多久没闻过油墨香了?丢掉网络,拿一本厚厚的书在手,

Chapter 7
夜晚晒太阳，白天数星星

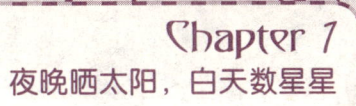

一边品茶，一边读着字里行间让人心动的文字，你会感觉整个心都平静了许多。

你有多久没有去过电影院了？儿时的爆米花是否令你怀念？关掉电脑和 DVD，摸进黑黑的电影院中，在别人的故事里释放自己的情绪。

你有多久没看过动画片了？不要总是看爱情片、战争片、科幻片，放上一部最新卡通，或是写有儿时回忆的动画片，听着主人公的大笑，你的嘴角会不由自主地上扬。

你有多久没吃过大排档了？放弃那些貌似高贵的酒店，邀一两个好友去吃露天大排档，喝喝啤酒，吃吃花生，人生在一谈一笑间风情万种。

你有多久没逛过小摊了？从高档商场中走出来，和二三好友一起砍价，花最少的钱买最值的东西。

生活其实很简单，把繁杂的事去掉一些，那么快乐也就无处不在。

男人化妆
女人抽烟

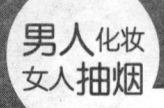

★心理小测试——你会合理地安排生活吗？

合理的生活安排是拥有一个轻松、愉快心境的前提，你的生活习惯如何，对日常生活的安排科学吗？做完下面的测试你就有了答案了。

1. 你习惯如何吃午饭？

A. 很快就吃完了

B. 吃得特别慢

C. 用平常的速度吃完，然后休息

（选A不得分；选B得10分；选C得30分）

2. 你平时的休闲方式都有哪些？

A. 喜欢参加一些社交活动

B. 喜欢锻炼身体或者文娱性质的活动

C. 哪都不喜欢去，只想待在家里做做家务、看看电视

（选A得10分；选B得20分；选C得30分）

3. 你通常如何使用你的假期？

A. 喜欢爽快地一次性过完

B. 喜欢分成两次，分冬季假期和夏季假期

C. 平常都不用，只留着有需要的时候再用

（选A得20分；选B得30分；选C得10分）

4. 你一般需要多长时间回家？

A. 半小时以内我就到家啦

Chapter 7
夜晚晒太阳，白天数星星

B. 在路上随便逛逛，但绝不超过一个小时

C. 我要先在外面玩几个小时才回家

（选A得30分；选B得10分；选C不得分）

5. 如果你第二天有事，必须要提前起床，你会怎么做？

A. 上闹钟

B. 让别人帮忙叫醒我

C. 生物钟会自然让我早起

（选A得30分；选B得20分；选C不得分）

6. 你的早餐一般吃些什么？

A. 稀饭和馒头

B. 牛奶和面包

C. 什么也不吃

（选A得20分；选B得30分；选C不得分）

7. 你平时都喜欢做哪些运动？

A. 逛街

B. 把家务劳动当锻炼

C. 常常散步

（不论选A、B或C均得30分）

8. 如果有人来你家做客，你会如何？

A. 把所有好吃的、好玩的都拿出来，非常热情地招待客人

B. 不冷不热，保持礼貌就好

C. 非常反感家里来客人

（选A得30分；选B或选C不得分）

男人化妆
女人抽烟

9. 你一般几点睡觉?

A. 每天很准时睡觉

B. 不一定,要看心情如何

C. 不管几点,一定要把当天的事情都做完后才睡觉

(选 A 得 30 分;选 B 或选 C 不得分)

10. 炎炎夏日来到了,在这个夏天,你怎样度过假期?

A. 天气太热了,只待在家里休息就好,哪都不去

B. 干一些家务劳动

C. 不管有多热,也要经常进行体育锻炼

(选 A 不得分;选 B 得 20 分;选 C 得 30 分)

11. 你每天睡醒后做的第一件事是什么?

A. 一起床就要为家务忙碌

B. 起床以后当然要做晨练了

C. 不想立刻起床,要在床上多躺一会儿

(选 A 得 10 分;选 B 得 30 分;选 C 不得分)

12. 如果你在工作中与同事或上司发生冲突,你会如何处理?

A. 据理力争,一定要辩论到底

B. 不管不顾地大发小姐(少爷)脾气

C. 冷静而鲜明地表达出自己的观点

(选 A 或选 B 不得分;选 C 得 30 分)

13. 你的工作态度是怎样的?

A. 只要结果达到就好,不管方式如何

Chapter 7
夜晚晒太阳，白天数星星

B. 也许现在我并不出色，但只要努力，就一定会做出成绩

C. 不管成绩大小，只要别人认可我就行

（选 A 不得分；选 B 得 30 分；选 C 得 10 分）

14. 你每天准时到公司吗？

A. 我每天几乎准时到公司

B. 时间误差不超过半个小时

C. 说不好，每天到公司的时间都不一定

（选 A 不得分；选 B 得 30 分；选 C 得 20 分）

15. 如果手上有很多工作任务，你会边聊天（包括网聊）边工作吗？

A. 会，我每天几乎都是这样

B. 偶尔我会这样

C. 我喜欢专心致志工作，几乎不会这样

（选 A 得 30 分；选 B 得 20 分；选 C 不得分）

16. 你喜欢运动吗？

A. 做简单的运动

B. 我只看别人做，自己太懒，几乎不运动

C. 我既不看别人做，自己也不做，对运动一点兴趣也没有

（选 A 得 30 分；选 B 或选 C 不得分）

测试结果：

如果你低于 160 分：

要注意了，你的生活习惯很差，生活方式也很不健康。有时候你会给自己过大的压力，不把事情做到最好的程度绝不罢休；但有时候

男人化妆
女人抽烟

你又会因为压力过大而使自己过度放松，比如和以往的工作态度完全相反，消极怠工，这并不是一个正常的现象，而是压力过大后的不良反应。此时的你要注意调节生活作息，保证每天7～8小时的睡眠是必不可少的，不要为自己安排太多的工作任务，也不要把所有事情全抛开，要学会有计划地实施每一步，不要过急也不要过徐。工作是永远做不完的，只要合理安排，你一样会做得相当出色。适当停一停，注意享受身边的乐趣，哪怕只是一个小小的插曲，也会使你的生活大不相同。

如果你的分数在160分～280分：
你的生活习惯较为正常。

你能够将工作与生活安排得比较有条理，懂得什么时间该做什么样的事情。要注意，不要让自己接触烟、酒等一些不良习惯，更不要过度紧张，遇事要保持一颗平和的心态。

最重要的是，要让自己的每日三餐保持营养均衡，不要因为一时工作紧张就胡乱敷衍几口。要知道，保证合理的营养供应，养成良好的饮食习惯也是轻松生活必不可少的一个条件。

如果你的分数在280分～400分：
你的生活很有规律，生活方式比较健康。

有规律的生活是你保持轻松的方法，你的生物钟已经被你调至了最佳状态，不用闹钟和记事本你也知道什么时候该做些什么，有规律的生活让你做任何事都保持着充沛的精力。美中不足的是，你的生活中缺乏一点乐趣，比较死板。波澜不惊一词可以比较准确地形容你现在的生活与工作，这虽然也不错，但如能多为自己找一些乐趣，就会让生活多一分色彩，也让心情多一分愉悦。

建议在合理地安排作息时间的基础上，多进行一些体育锻炼和文

Chapter 7
夜晚晒太阳，白天数星星

娱活动，可以约三五知心好友，一起谈天说地。不要每天只把自己圈在一个小天地里，多接触外面的世界，你的生活会更精彩！

如果你的分数在 400 分～480 分：

恭喜你，你的生活习惯非常好，生活方式非常健康！

你很懂得文武之道，一张一弛的道理，从不把自己的生活弄得过度紧张，即使在工作压力很大的情况下，也会合理安排自己的业余时间。可以这样说，你是一个很有生活情趣的人，懂得美化生活，在生活中寻找快乐的音符。

保持这种良好的习惯，你的生活与工作都会越来越快乐！

Chapter 2
天使去偷瓜，撒旦去看家

这是一个崇尚个性、强调自我的时代，
过多倾慕于旁人，
只会掩盖你的本性。
你在生活的舞台中才最重要。
你是混合了信仰和理想的产物，
闪烁着无限可能的光芒。
世间没有相同的鸡蛋，
也不会有第二个自我。
你就是你，
有笑有泪、有胜有败、有喜有忧、有乐有愁。
纵然跌倒一千次，也会有第一千零一次的勇气站起来，
不会为了迎合他人而轻视自己，
不会为了崇拜他人而迷失自己！

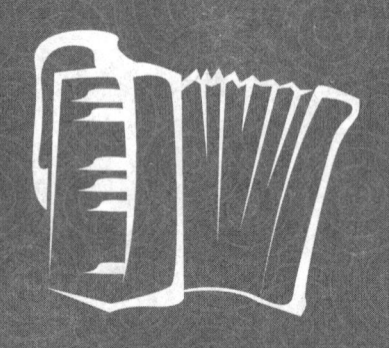

天使去偷瓜，撒旦去看家

Chapter 2
天使去偷瓜，撒旦去看家

你比偶像更重要

为什么要有偶像？

崇拜偶像早已大大落后于这个时代，如果谁还在捧个某个人的照片、影集，绝对会被人笑掉大牙。

当你心中有了偶像，必有了枷锁。偶像的存在，让你心心念念只想着他的影子，无法做自己的事情；偶像的存在，让你一叶障目不见泰山；偶像的存在，影响了你判断事物的能力……

崇拜偶像是一件极其没有个性的事情，每个人都是独特的，每个人所面对的环境和所要处理的事情也都是独特的，也许某个人在某个方面的经验和经历会对自己有帮助，那么借鉴就可以了，用不着去仰视他们。

但在现实生活中，偏偏就有这样宁愿背上沉重的包袱，也要有个偶像的人。

**男人化妆
女人抽烟**

　　有一个小女孩儿，她从很小的时候就喜欢一个明星，她对这个明星的崇拜简直无以复加。每天她必做的功课，就是从各种娱乐杂志上剪下那个明星的照片，贴成一本相簿，反复欣赏他演唱会的光碟。

　　她不去外面玩耍，也不和同学过多地交流，连学习都荒废了。这样的日子一直持续了十几年，女孩儿的父母看到女儿这个样子，多次劝她，可出于对女儿的疼爱，他们最终从劝阻变为支持，筹资支持女儿追星，甚至卖房、准备卖肾。

　　最后，女孩儿的父亲无奈自尽，写下遗书希望那个明星可以和女儿多一些相处的时间。

　　显然，这是一个比较极端的女孩儿，在现实中，这毕竟是一少部分人。但更多的人都或多或少地受到了影响，由于崇拜偶像，他们盲目模仿，连偶像的对错也不会分辨，只是不假思索地膜拜着一切。如此一来，他失去了自己的个性，失去了自己的生活，也给自己背上了沉重的心理负担。而当偶像逝去后，留在我们心中的又有些什么？恐怕只是一堆叹号与问号罢了。

　　老舍先生笔下曾描写过这样一个人，他很喜欢北京话，但又对北京话不甚了解，以为带个儿化音的就是北京话，所以说话的时候不论说什么词汇都在后面缀个儿化音，闹出了不了笑话。

　　与前面那个女孩儿相比，老舍笔下这个人是将某种事物塑造成了偶像，然后不管不顾地去追捧。

　　这就是盲目崇拜，不管是崇拜一个人，还是一件事，都不如心中装着自己来得实在。当你开始崇拜偶像时，心里已经发生畸变，变得表面狂热，内里颓废，里外夹击促成对生活的茫然，甚至堕

Chapter 2
天使去偷瓜，撒旦去看家

落自毁。

为什么很多人都喜欢找个偶像来崇拜呢？大致有如下原因：

思想偏执

有些人的行为表面看上去只是喜欢某个人，但实际上已经进入了一种偏执型的精神障碍问题，他们已经产生了一种幻想，幻想自己生活在一个情景模式里，并固执地按照这种幻想去生活，这实际上是一种病态。

自我发展不完善

人尤其在年轻的时候，自我性格和人生的发展都并不是很完善，一些他们所期望的事情并没有发生在自己身上，而是发生在了别人身上，也就是偶像，所以他们就把对自我的希望投射到了偶像身上，并且极力维护自己崇拜的偶像，听不得任何一点对偶像的负面评价，因为这些负面的评价就如同在指责他们自己。

逃避挫折

当我们遇到挫折时，很有可能习惯性地选择逃避，为自己树立一个偶像，享受他的优秀带给我们的快乐，从而得到心理上的满足与慰藉，并减少挫折所带来的痛苦。

受环境影响

有些人很容易受到环境的影响，如果在没有任何外在条件诱发的情况下，他们能够保持理智，可一旦周围的环境变得激荡，他们就会受到这种环境的影响，在突然间爆发出一种偶像崇拜的心理。这种情况通常发生在心智尚未成熟的孩子身上。

这几大原因导致了偶像崇拜的存在，并且很有愈演愈烈的趋势。其实，偶像只不过是一种为人所崇拜、供奉的雕塑品，是人

男人化妆 女人抽烟

心目中具有某种神秘力量的象征物，是一种不加批判而盲目加以崇拜的对象。

在很早的时候，人们将希望寄托于死东西上，将一些金银饰品、动物的肖像、雕刻的石头当做神，或是拿一块废木头雕刻成人像或兽像，然后涂上颜色，为它做一个适宜的居所，把它嵌在墙上，用钉子钉住，预先加以照顾，免得它掉下来。

很难想象，人们会对此膜拜莫名。当他们把它嵌在墙上时，就应该想到，这东西是不能独自生存的，需要外界来扶持。

这就是偶像，当赤裸裸地剖析它时，发现它也不过如此，并无神奇可言。

携着捡来的妹妹求学12载的洪战辉曾说："在我自己的心目中是没有偶像的，只有我敬仰的人，那就是周恩来。我没有给自己树立偶像。我觉得每一个人要给自己树立目标，然后往前走就可以了。我们应该从别人的身上找出一种精神支柱，或者说是一个方向，然后通过自己的努力走自己的路就可以了，这才是正确的。"

这不禁令人想起这样一句话，"你之所以觉得别人伟大，是因为你跪在他面前。"

说这话并非狂妄，并非没把任何人放在眼里，而是事实本是如此。说到底，崇拜偶像的人，大抵是不自信的人，正因为不能相信自己，所以把信任转嫁到别人身上，把别人的举动当成好的，把别人的言论当成精典，而自己一切的思想都荡然无存。

与"偶像"相比，"自己"在生活的舞台中更加重要。自己是混合了信仰和理想的产物，可能从某种维度上催生理想，闪烁着

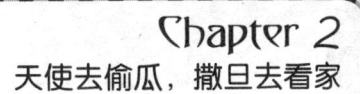

Chapter 2
天使去偷瓜，撒旦去看家

无限可能的光芒。这是一个不断追求，不断完善自我的过程。

世间没有相同的鸡蛋，那么，世间不会有第二个自我。我就是我，有笑有泪、有胜有败、有喜有忧、有乐有愁；我就是我，纵然跌倒一千次，也会有第一千零一次的勇气站起来；纵然前面是泥泞荆棘，也会义无返顾地昂首前行；我就是我，一个不会为了迎合他人而轻视自己的我，一个不会为了崇拜他人而迷失自己的我。

不仅如此，当你心中没有偶像，只有自己时，就意味着要超越自己，因为受人（自己）崇拜就不应该平平庸庸无所作为；受人崇拜虽不一定灿烂辉煌，风光显赫，但却一定要在自编自演的戏剧中充分展示自己独特的个性；受人崇拜，就必须在人生道路上留下两行坚定不悔的脚印；受人崇拜，就必须给自己一个愿望，给自己一份憧憬，即使在孤独无助的时候也会默默地撑起一片属于自己的天空。

当你心中没有偶像，只有自己时，就意味着充分的自信，而不是骄傲自满，更不是迷失在自以为是的狭小空间里找不到出路。崇拜自己是真正的自知，而不是好高骛远，更不是陷在目空一切中无法自拔。

如何才能打破偶像给自己带来的负面影响呢？

完善自我概念

正确地认识自己，不要逃避自己的任何缺点，学会冷静地进行选择，并增强自律的能力，只有这样才不至于因丧失自信心而盲目崇拜，失去自我意识。

不要刻意压制

男人化妆
女人抽烟

有些人为了不去盲目地崇拜偶像而刻意地压抑自己,这并没有太大必要。应该坦然面对内心的感觉,正视这件事情,慢慢将自己调整到一个理智的状态,用客观的视角看待这件事情。

充实自己的生活

当一个人空虚的时候,很容易陷入迷茫,失去对自我的判断。找些有意义的事情来做,让自己的生活变得丰富多彩。

设置底线

如果你一定要找个偶像来崇拜,那就要为自己设置一个底线——绝不在这上面花费一分钱。只有这样才能克制自己,不让自己走向偏执。

也许你还不够出色,也许你的能力尚有欠缺,但当你心中没有偶像,只有自己时,便永远有一个忠实的"粉丝",不辜负自己的期望,将自己塑造成令自己喜欢的角色。这就是个性使然。

当你心中只有自己时,是基于对人本身的一种关爱,也是对自己的放松,而偶像,绝不应该占去我们的时间。

Chapter 2
天使去偷瓜，撒旦去看家

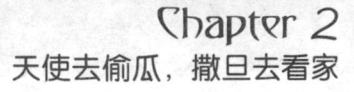

★ 星座心理——12星座的偶像崇拜度

每个人或多或少都有偶像崇拜的经验，过度崇拜偶像，会让人失去自我。不同星座的人对偶像也有不同的偏好。让我们来看看不同星座的人对偶像的狂热程度到底有多少。

1. 白羊座

追星特性：不到三分钟热度，标准喜新厌旧一族。他们常常是跟着感觉走，更换偶像的速度及方式，就如同他们换季换衣服一样，速度快得惊人。这种特性让白羊座的人不会为了追星而背负太大的包袱。

2. 金牛座

追星特性：别看金牛座表面上稳重成熟，但实际上他们也有着自己的偶像，一旦他们将一个人封为偶像，就会在桌面上、皮夹中放上一张偶像的照片，没事拿来看看，或购买一些偶像的CD、VCD等。在偶像崇拜这个问题上，他们不会太过疯狂，懂得将现实与虚幻分开，脚踏实地地过自己的生活。

3. 双子座

追星特性：双子座之所以会崇拜某人，倒不是因为喜欢对方某些特质，而是由这位偶像所衍生出的外围"附加价值"。例如，与朋友聊天有话题，或是成为八卦消息的来源等。他们也是十二星座中对偶像崇拜最没有忠诚度的一群人，反正就是变来变去的，你永远不晓得，谁会是他们下一个最爱。不过也正因此，他们不会因为偶像而感到痛苦，反而会在他们身上找到属于自己的乐趣。

4. 巨蟹座

追星特性：以家庭为中心的巨蟹座除了父母外不会轻易崇拜别人，不过一旦成为他人的 Fans 后，就绝对是标准的死忠派，并且可以为偶像不辞辛劳，上刀山下油锅，将海报贴满整个房间。他们常常幻想着能和偶像有个亲密接触，因此蟹子们一定要小心，不要陷入自己的幻想中，要记住：能爱进去，也要能出得来。

5. 狮子座

追星特性：在所有星座中，狮子座是最具爆发力的崇拜者，如果能与偶像见面，叫得最大声、最卖力的一定是狮子座。天生好强的狮子们要注意，不要让偶像的光环眩晕了你的头脑，在崇拜偶像的同时，更要让自己的生活不受干扰，保持一颗平淡的心是最重要的。

6. 处女座

追星特性：处女座的人即使站在心爱的偶像身边，也会维持一定的风度，以及保持最端庄的外表，但他们的内心早已如小鹿乱撞。虽然处女座想要获得偶像的一切，但现实性很强的他们，深知任何偶像崇拜，都不会长久。因此他们不会使偶像崇拜扰乱自己的生活，懂得让自己开心。

Chapter 2
天使去偷瓜，撒旦去看家

7. 天秤座

追星特性：生性自恋的天秤座爱自己都来不及，哪会崇拜什么偶像呢？如果真有人让他们崇拜，那也只是为了跟上时代潮流，假装出来的而已。因此只要目前流行什么，他们就随波逐流，反正跟随流行准没错。天秤座的人是最不会被"偶像"一词摆布的人。

8. 天蝎座

追星特性：天蝎座的你，一旦锁定目标，就会如同蝎子一般，紧紧看好自己的"猎物"。爱恨分明的蝎子们，也许一生只会崇拜一个人。他们迫切地希望能与自己的偶像在一起，虽然不切实际，但他们超乎寻常的耐心，会让他们不知不觉地越陷越深。要当心，这很可能成为你郁郁寡欢的原因。

9. 射手座

追星特性：射手们比较偏好洋味十足的外国偶像，喜欢充满异域风情的东西。他们希望能到国外与偶像见面，或是参加他们的演唱会。要当心，不要让这些成为你的心理负担，在有梦想的同时，也要看好脚下。

10. 摩羯座

追星特性：要想让理智的摩羯座崇拜偶像，简直是天方夜谭，除非是他们的工作，否则他们成为追星一族的几率是极其微小的。但是懂得生活情趣的摩羯座不会拒绝偶像给他们带来的乐趣，绝对属于能拿偶像为自己的生活添色彩的人。

11. 水瓶座

追星特性：水瓶座生性与众不同，可能会喜欢一些冷门的偶像，越是特别的，越能得到他们的青睐。他们十分喜欢利用网络来一场高科技、高效率的偶像崇拜。水瓶座的人不太会让偶像崇拜搅乱自己的生活。

12. 双鱼座

追星特性：浪漫的双鱼座崇拜起偶像来绝对全心奉献，不惜代价，而且动不动就感动落泪。不过他们并不注重是否与偶像有实质性的接触，哪怕只是柏拉图式的崇拜，也能让他们心满意足。要小心的是，双鱼座的你不要走入死胡同，要懂得偶像毕竟是虚幻的，不要把幻想中的当做现实，否则很容易走火入魔。

Chapter 2
天使去偷瓜，撒旦去看家

做个快乐的"草根族"

这是一个不需要英雄的年代！

一个没有战火、没有硝烟、比较理想的社会，应该是没有人想做英雄、没有人想出风头，每个人只脚踏实地做自己的事情。

什么是英雄？

才能过人、智过千人、德过万人者谓之英，英雄则是"今天下英雄，唯使君与操耳"，是"起义破关千百万，直到天京最英雄"，是"血染沙场气化虹，捐躯为国是英雄"。

简单来说，英雄是文学分析与心理学常用的概念。童话中的主人翁就是荣格分析心理学里的英雄。人生就是一场战争，人活着就是要扮演英雄的角色。

在古时，英雄往往伴随着一场战乱出现，而和他们一起衍生出来的词汇，无一例外是"侠之大者"、"行侠仗义"、"坚不可摧"、

男人化妆 女人抽烟

"勇猛无匹"等。

而在英文中,"hero"这个词的含义,一是专指希腊传说中的英雄人物,二是偏指为崇高的意图和勇敢的业绩而牺牲自我的人,三是指在某一个领域做出杰出表现的人。

捷克作家伏契克在《论英雄与英雄主义》一文中曾经这样说过:"英雄——就是这样一个人,他在决定性关头做了为人类社会的利益所需要做的事。"

而在外国童话故事中,总有一个拿着宝剑、斩杀巨龙、救出公主的英雄——这就是我们心目中的英雄。

这一条条对于"英雄"的解释,让我们的心潮一次次起伏激荡。

然而,草根又是什么?

草根是近年来出现在我们眼中、耳中异常频繁的一个词,它来自英文的"grass roots",翻译成比较容易理解的意思,就是来自平民的、不太受重视的、最基层的人。

草根代表着这样一群人:他们很优秀,甚至是相当出色,在擅长的领域独当一面。他们的眼界开阔、思想深刻,但是他们简单、低调、不妄自尊大、不骄傲自满,和身边每一个人和谐相处,快乐无比。

在中国传统的教育下,大部分人心中都有着难以释怀的英雄情结,不仅推崇英雄,更想自己成为英雄。但这一想法早被潮流所淘汰,在这个和平年代,草根比英雄更具生命力。

英雄虽然有强大的历史背景支撑,却难逃悲剧的命运,是的,大凡英雄,总难免被冠上"悲剧"二字。

关羽盖世的英雄,最终却逃不过自己性格中的弱点;诸葛

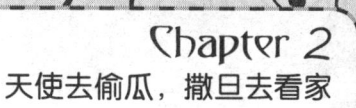

Chapter 2
天使去偷瓜，撒旦去看家

孔明才高八斗，也无非"出师未捷身先死"；岳飞、袁崇焕哪个不是被人敬仰的大英雄，但无一不落得含冤而死的下场；贾柳楼四十六友生死结盟，最后瓦岗寨上断了香头，各奔前程，少有善终者；而梁山一百单八将更是死的死、伤的伤，只剩下屈指可数的几人。

如此惨景，令人长叹。

为何英雄总是诸多悲剧？全因他们背上的包袱过于沉重。所谓能力越大，责任越大。仁、义、礼、智、信汇聚成一座大山，压在英雄们的脊梁上，这些无形的压力，让他们直不起腰、喘不过气。

但在现实社会，偏偏有人爱做英雄，喜欢被别人关注，喜欢享受别人崇拜、敬重的目光。这也是可以理解的，每个人都渴望被关注，但如果常常保有这种心态，就难免造成一种偏激的人格，过分强调以自我为中心，如此一来就会对别人产生不认同和嫉妒的心理，让自己变得孤僻、孤芳自赏或者郁郁不得志。

有一个男人，他从小就很好强，什么事都争当第一，如果考试得了第二都难过无比，暗自咬牙，必须要追上去成为第一。

他非常羡慕电影、小说里的英雄，发誓一定要和他们一样，成为众人追捧的人物。事实也的确如此，老师、同学、亲友都对他赞不绝口，认为他是一个很优秀的、很有才华的学生。

这种性格一直伴随他长大，他以为自己会像电影里那些英雄一样，在工作岗位上风光无限。

但事实给了他沉重的打击，他在工作中并没有得到比同事更多的关注，老总对他们总是一视同仁。他暗暗拿自己和同事比较，

**男人化妆
女人抽烟**

怎么比都觉得自己比其他人强，无论是相貌还是能力，都比别人更出众，老总怎么就看不到他的优点呢？

于是他心里暗自使劲，每天加班加点，什么事都力求做到最完美。有一次他和同事接手了一项任务，他很想做出成绩给老总看，所以什么事情都比和他搭档的同事做得多，什么事情都抢在前面，但结果却不尽如人意。由于他过于想当英雄，过于想表现自己，所以只顾了自己，却没有和同事配合好，结果让老总狠狠地批评了一番。

他感到十分委屈，自己把十二分的力量都用在了工作上，怎么还会这样呢？他的女朋友得知后对他说："你呀，就是太想当英雄，什么事都想一个人完成，这怎么可能呢？"

听了女朋友的话，他不以为然，当英雄有什么不对呢？人生在世不就要出人头地吗？于是他继续跟自己较劲，什么事都要做得最好。这样强大的压力让他不堪重负，他常常感到身心俱疲，心里总像压了一块大石头似的，就连假日也不能放松下来。

女朋友看见很心疼，经常劝他不要给自己太大的压力，她说："你这是何苦呢？根本就没有人让你这样啊。你的压力与不快乐全来自你自己，何必非要跟自己过不去呢？当英雄早就不流行了，只要我们各自干好自己的工作，就已经可以了啊。"

是的，现代的社会是一个不再提倡个人英雄的年代，不会合作很难生存下去，而且还会让自己郁郁寡欢。我们常常会听到对一个人这样的评价："这个人个人能力很强，但是恃才傲物，不服从管教，个人英雄主义严重……"

的确，英雄有很多弊病：

Chapter 2
天使去偷瓜，撒旦去看家

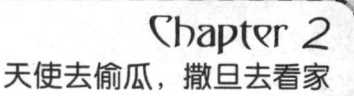

英雄容易气短；英雄容易走入死胡同；英雄容易在众目睽睽之下无所适从；当你爬上英雄的位置时，会觉得高处不胜寒，而且举步维艰，被众人监视，不能有一丝一毫的差错；英雄很憋屈，由于要坚守自己的道德准则，不得不为了他人的利益而牺牲掉自己很宝贵的东西……

因此，英雄是痛苦的，因为他们付出的要比草根多得难以想象；英雄是寂寞的，因为在他们前进的过程中，只有寥寥无几的支持；英雄从某种意义上讲是个悲剧，因为他们总走在一条充满荆棘没有人烟的道路上，他们是先驱，甚至是烈士。然而他们冠上了英雄的名字，就只能这么走下去了，就算孤注一掷，就算犹豫彷徨，也要这么走下去，走在自己无法预知的未来。

所以，人生在世，为何一定要强迫自己当个英雄，人生的许多压力，都来自我们自己，当我们紧紧掐住自己的喉咙时，当然觉得难以承受，而且越来越容易钻牛角尖。而当我们放开自己，一股清新的空气扑面而来，就会觉得无比轻松。

也许有人会说，不当英雄当草根，也太没追求了吧？

这种想法并不正确。

草根并不等同于无所作为，更不等同于消极不思进取，而是像野草一样，具有极其顽强的生命力，草根看似渺小，看似微不足道，但却承载了阳光、雨露和土壤的精华，生生不息，绵绵不绝，它有着"野火烧不尽，春风吹又生"的生命力。它也许永远不会长成参天大树，但却因植根于大地而获得永生。

不仅如此，草根更符合平民的特性，它有更多的同伴，遍布每一个角落，它永远不会孤独。

正因为没有压力，所以草根生活得更轻松、快乐，这种状态可以使人轻装上阵，把一切事情做得更好，可以说，这是一个良性循环。

这也正如文章开头所说：一个没有战火、没有硝烟、比较理想的社会，应该是没有人想做英雄、没有人想出风头，每个人只脚踏实地做自己的事情。

是的，一个没有英雄的世界，意味着不再需要有人奋力向上爬，也不再需要有人牺牲，每个人都能够主宰自己的命运，让自由意志完全得以实现，这就是一个英雄的世界。

恰巧应了李连杰的一句话："一个没有英雄的世界，就是一个英雄的世界。"

Chapter 2
天使去偷瓜，撒旦去看家

★ 心理小测试——你的英雄情结严重吗?

爱当英雄会给我们的生活增添很多烦恼与压力，下面的小测试让你知道你的英雄情结是否严重，它掩盖了多少本应属于你的快乐。

如果可以不用工作，化身为被他人所照顾的宠物或是植物，你希望自己是什么?

A. 备受瞩目的鹦鹉
B. 在水族箱中悠闲游荡的鱼
C. 价值匪浅的名贵兰花
D. 令人疼爱的狗或猫

测试结果：

选 A. 备受瞩目的鹦鹉：
你是属于天生就会有聚光灯打在身上的人，也许是你的外形吸引人，或者是个性太受欢迎，你的一举一动会经常令大家注意，甚至大家也会很自然的把你当成领袖人物，就算你不想出风头也难。
这样的你在备受瞩目的同时也备感压力，在众目睽睽之下，你不能有半点行差偏错，稍有疏忽，就会成为众矢之的。这样的生活当然会让你感到压抑与不快乐，试着收敛一些，隐藏自己的光芒，你会发现生活轻松很多。

选 B. 在水族箱中悠闲游荡的鱼：
你的风头看起来不是很健，甚至在团体中还会让人感觉你像是会被忽略的样子,但是你很懂得利用人际关系来巩固自己的势力,希望自己得到大家的青睐。由于你内心期望自己能出风头,所以达不到此目的时常感到焦虑,其实这完全是没有必要的,属于"智慧型"的你,正因为气质内敛而具有吸引力,不必一心想要当那个锋芒毕露的大人物。

选C.价值匪浅的名贵兰花:

你并不爱出风头,甚至有点不屑锋芒太露。因为你觉得花时间让自己锋芒毕露,是件浪费生命的事,你宁可把时间花在追求自己有兴趣的事物上,不必为了表现,识货的人自然会明白你的分量。所以在生活中,你总能发现更多的乐趣,也总能让自己活得更快乐。

选D.令人疼爱的狗或猫:

其实你满想出风头的,但是对自己本身似乎没什么自信,不知道要如何适当地表现自己才能出奇制胜。你有时胆怯,有时又炫得过头。这种变幻不定,让你自己也不知所措,拿捏不好分寸。建议你要多拿出些自信与气魄,不管会不会被很多人当做中心人物,都要对自己有十足的信心,这样才能活得轻松、快乐。

Chapter 2
天使去偷瓜，撒旦去看家

男人化妆，女人抽烟

什么是生活？

当你认为生活即活着时，你已经死了！

活着是一种动物最原始、最基本的本能，是有水喝水、有饭吃饭、趋暖避寒的最起码的生存状态。

而生活是一种远超活着的含义，它包含了快乐、幸福、丰富的精神生活，远远超过活着。

也许你会说，男人化妆女人抽烟与生活、活着有何关系？

我们在此所讲的男人化妆女人抽烟，并不是一定要让男人拿着眉笔描眉画眼，也不是一定要让女人拈着香烟吞云吐雾，而是要表达一种完全不同的生活态度——我们要生活，而不仅是活着，个性是我们唯一赖以生存的东西！

为什么你常觉不快？

男人化妆 女人抽烟

为什么你常觉生活无趣？

为什么你常觉工作压力很大？

为什么你常觉忙碌疲惫？

……

这一切都因你不是在生活，而仅是在活着。在传统的世界中，男人与化妆是完全绝缘的，男人不化妆是因为男人历来是阳刚、坚毅的象征，在工作中，他们独当一面；在生活中，他们有坚实的臂膀。他们从不哭泣、从不软弱、从不退缩，把最刚毅的一面展示人前。

但事实上真的是这样吗？男人不哭泣并不代表不想哭，他们刚毅但并不代表内心没有挣扎，只是传统的观念压抑着他们，让他们不能释放自己的感情，把所有的压力、悲伤、不快都深深埋在心里。这就是为什么他们常感疲惫、压抑不已，而这时的他们，仅仅停留在活着的意义上。

同样，女人抽烟也被传统观念认为是不可救药的、是放浪的、是行为不检的，而女人应该是温柔如水、巧目盼兮、顾影生姿的。但这样的观念让女人行不敢快、坐不敢颓，她们的思想被人忽视，她们的呐喊也被淹没。这就是为什么她们常觉情绪焦虑、郁郁不欢，这样的她们，也仅是活着。

有一个男人，他从小就跟别人不一样，他不喜欢疯疯癫癫地和男同学一起玩打仗、一起玩泥巴，而是喜欢待在家里，拿根火柴棍，用烧了以后就焦黑的那部分画眉毛，然后用印泥画口红。

再大一些，他喜欢像女孩子一样化妆、打扮。他的行为让很多人觉得奇怪、不理解，不明白一个男孩子为什么要做这些"娘

Chapter 2
天使去偷瓜，撒旦去看家

娘腔儿"的事。

面对周围人怪异的目光，他一度感到很困惑也很痛苦，不明白为什么男人就不能做这些事情。可如果他去做别的事情，又觉得那不是自己想做的，会令自己很痛苦。

经过左思右想，他决定遵循自己的意愿，去做自己最想做的事情。

于是他把心思都花在了化妆上，经常拿着化妆品在自己的脸上涂来涂去，化成各种样子。终于，他的个性让他走上了化妆这条职业之路，他既有女人的纤细敏感，也有男人的直爽大气、更有孩子般的任性妄为，这种独特的个性，让他迅速展露自己的能力，成为一个知名的化妆造型师，不仅如此，他还拍写真集、出单曲、主持节目、参加电影的拍摄，他就是吉米，一个充满魅力与传奇的名字。

试想一下，如果当初吉米为了别人的想法而放弃自己想做的事情，那么今天的他，非但不会有此成就，相反，他还会活在压抑与痛苦中，想做而不敢做，这样的人生岂不只是活着，何谈生活？

与化妆的男人相较，柯达全球副总裁叶莺曾说了这样一番与抽烟的女人相关的话："我的裙子足够短，我的鞋跟足够高，但是女人，希望你的头脑也足够满，足够清醒，你们的美丽是属于整个世界男人的，男人不光是欣赏你唇边噙着的烟和你那只白皙迷人的手，男人更欣赏你们的自强和自尊。男人和女人应该像两棵树，一棵刚劲而不失柔情如雪松，一棵柔美而不失顽强如杨柳，并排站在四季的风风雨雨。"

其实，男人表现出女性的特质、女人表现出男性的特质，这

男人化妆 女人抽烟

种情况并不少见，男人女人身体里的特质本就互相存在。著名心理学家荣格认为，人类的人格中包含了阿尼玛——男人潜意识中女性面向的具体化，和阿尼穆斯——女人潜意识中男性面向的具体化，它们对我们在生活中所做的选择发挥了巨大的影响，直接参与塑造我们的行为。

因此，当我们与这些本已存在的意志抗衡时，是不顺应自然、有违生物规律的，必然会感到压抑与痛苦——这是人的天性，与道德无关。

而像吉米这样性格的人，只不过是把体内的阿尼玛与阿尼穆斯特质发挥了出来，不加掩盖地散发着独特、率真的气息。也正是因为这样，他们活得潇洒、活得从容、活得勇往直前。

由此看来，男人化妆女人抽烟是一种全新的生活态度，是尽情释放个性的产物，完全颠覆人们心目中的性格标准，像一股飓风以锐不可挡之势向人们袭来，带给男人和女人一种豁然开朗、耳目一新的感受。

据说世界上英国男人在皮肤问题上花费的钱是多于地球上其他国家的，而现在，韩国、日本及中国的男人们，也不甘于后，纷纷注重起自己的面子。

当他们每日清晨站在镜子前剃须刮脸、抹须后水、抹护肤品、喷男士香水时，正是要准备神清气爽地开始新的一天；

当他们每天在写字楼里的洗手间对着镜子整理领带、梳理头发、用吸油纸、涂透明润唇膏时，正是准备将工作做得无懈可击；

当他们结束了一天的忙碌后，泡个香熏浴、涂眼霜、护肤晚霜时，正是他们准备展现男人浪漫、温柔的一面。

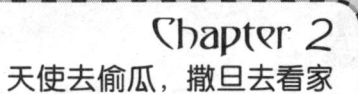

Chapter 2
天使去偷瓜，撒旦去看家

当男人在做着这一切的时候，实际上就是在痛快漓淋地释放着自己，把心里的烦恼和身上的包袱全部卸下来，把最真实的自己表达出来，这时，他们必是轻松、愉悦的。

并且，男人化妆并非今日首开先河，而是自古有之：早在古代，人们就用河塘或土地里的烂泥涂在脸上来保持皮肤的温度和抗衡强烈的日光；魏晋时期，男子散发、披巾帽，着长衫，追求超脱不凡的气质；南朝男子仿照前朝，剃面敷粉、施朱点绛、熏衣染袍、大冠高履，颇有高雅之风；宋朝男子以素为美、更重意蕴，颇有才子之风；元朝男子崇奢华之美，极尽华美之能事……

这一切，都是男人以化妆的方式来展示自己的个性，来追求更加有质量的生活。

同样，女人亦是如此。有人说，当一个女人手拈香烟时，必定心中不快乐。这句话有一定的道理，女人抽烟，往往并不是真正意义上的烟草依赖，当她们生活得风平浪静之时，大多想不起世上还有烟这种东西，只是当她们感到寂寞、哀愁、悲伤之时，才会让薄薄的烟雾在窄小的空间飘浮，在一缕缕烟丝中，让自己慢慢明白，这个世界不仅仅让她承受苦难，还赋予了她不顾一切的胆量，和无穷无尽的勇气。此时的烟对于女人来说，只是一种倾诉与宣泄，她们或舔舐自己的伤口，或慢慢修复内心的断壁残垣。

谁说女人不能抽烟？谁说男人不能化妆？正因为不快乐，所以更需要发泄；正因为压抑，所以更需要找到宣泄的渠道。这是一个全新的世纪，接受任何不违道德的生活方式，当你备感压力、备觉抑郁的时候，可想痛快释放一次？

如果你也是这样：

男人化妆
女人抽烟

哭不敢哭，怕被人说不坚强；

笑不敢笑，怕被人说不检点；

怒不敢怒，怕被人说没定力；

骂不敢骂，怕被人说没涵养。

那么不妨抛掉以往的陈旧观念，在不违背道德的前提下，想做什么就做什么，找回那个真正的自己，释放无穷的活力，你只需记住——个性是我们唯一赖以生存的东西……

Chapter 2

天使去偷瓜，撒旦去看家

★ 心理小测试——测测你的个性指数

个性包含了智慧、气质、技能和德行，可以说和我们的生活息息相关，你的个性是否突出，直接关系到你的生活质量，一起来测一测你的个性指数有多高：

1. 有一天在路上，有人突然对你大喊："有人在追着我，请帮帮我吧！"仔细一看，说话的那个人竟然是你的偶像！这时候你认为追着他的人是谁？
   影迷→请跳至第4题
   记者→请跳至第7题

2. 当你终于帮助他摆脱了追逐者，而他也向你微笑示意，此时你认为他的意思是？
   单纯地微笑着→请跳至第5题
   衷心地感谢你→请跳至第9题

3. 当这段际遇结束后，他正欲离去，你希望他对你说什么？
   和你握手说再见→性格A
   和你吻别→性格B

4. 为了躲避影迷的追逐，你会将他带到哪里？
   人多的大型商场→请跳至第8题
   人少的小巷子里→请跳至第2题

5. 为了闪躲穷追不舍的影迷，你会帮他选择哪种伪装道具？

帽子→请跳至第13题

眼镜→请跳至第6题

6. 当你们度过了这惊险的一天后，在离别时他留下了电话号码给你，你会如何？

等过几天后再打给他→性格D

电话可能是假的，算了→性格B

7. 当你们得选择搭乘交通工具闪避时，你会选择哪种交通工具？

公共汽车→请跳至第11题

搭计程车→请跳至第2题

8. 当你们被影迷挡住去路时，此时的影迷大概多少人？

5人左右→请跳至第5题

10人左右→请跳至第12题

9. 当你们躲过了他们的追逐，此时他说："今天我们一起去逛逛吧。"你们会到哪？

电影院→请跳至第3题

餐饮店→请跳至第10题

10. 到了互相告别的时刻，你会对他说什么？

今天很高兴能帮助你→性格A

能有机会再见面吗？→性格C

11. 当你们被记者追到，记者问到绯闻时，你认为他的对象可能是谁？

Chapter 2
天使去偷瓜，撒旦去看家

圈内人士→请跳至第 9 题

圈外人士→请跳至第 12 题

12. 当他准备了谢礼给你时，你想可能是哪种物品？

他新买的手表→请跳至第 6 题

他用过的饰品→请跳至第 10 题

13. 他为了答谢你请你吃东西，可是却是你不喜欢的食物，此时你会怎么办？

勉强吃下→性格 C

拒绝吃下→性格 D

性格 A：个性指数 ★

唯命是从型。

你是一个喜欢随声附和的人，比较缺乏自我的主张跟个性，不会坚持自己的意见，每当自己的意见跟周围的人不一致时，你就会放弃自己的观点，转而投向他人。这样的你很容易被人认为是"墙头草"，久而久之，大家就不会太过注意你的意见，因为在他们心中，你是一个没什么主意的人。而你在这种环境中，自然不会觉得快乐，快快增加你的定力吧，多考虑一下自己的观点，让个性为自己增添魅力。

性格 B：个性指数 ★★

容易软化型。

你是一个有自己独立观点的人，很有自己的主见。但天生的好心，让你很容易软化，尤其在面对爱情时，恋人的世界就是你的世界，你会不自觉地照着对方的意见去做，生怕对方有什么不开心，即使对方的意见和你不一致，你也会牺牲自己去迁就对方，欠缺一些自我肯定

男人化妆
女人抽烟

的意志力。

性格C：个性指数★★★

意志变化型。

相较于性格A和性格B来说，你更有自己的个性，你认准的一件事情，不太容易被动摇。对一件事情你有着自己的判断力，有时还会有出奇的想法，你很乐于把你的个性完全表露出来，周围的人也因此而更加喜欢你，对于和自己不同的意见，你会立刻站出来反对，但如果对方是你的好友或恋人，你就会碍于情面而作罢，不再会坚持自己个性的一面。

性格D：个性指数★★★★★

坚持己见型。

你的个性非常鲜明，总能给人留下深刻的印象。不管熟悉你还是不熟悉你的人，当提起你时，总会说"他太个性了"。你一旦做出决定就不会受他人的影响，绝不会"少数服从多数"，无论别人说什么你都不会改变自己的想法，独特的个性让你受人青睐的同时，也容易树立敌人，树大总是招风，但是只要你用真心对待别人，就一定会得到别人的认可和理解。

Chapter 2
天使去偷瓜，撒旦去看家

做女人，不做美女

潘金莲不是美女。

美女是什么？

美女是清晨起床时不化妆绝没有自信出门；用餐时担心唇彩会被吃掉，令双唇黯然无色；讲话不能太快，更不能太多，否则会被认为没有深度；出门时必须携带小镜子一面、小梳子一把，以便时时观察、整理自己的妆容。

美女是花了过多的时候在装扮上，自然不会有时间读书；总是吃喝玩乐，被大家追捧在中心，自然没有时间留一片空白给自己思考；此类女人难免与人攀比，像孔雀般展示翎毛，绝不愿输给任何同性。

不知有多少女人梦寐以求的梦想，就是成为美女，成为众人眼中的焦点。但这早已经是落后于时代的想法，"美女"一词已远

男人化妆
女人抽烟

远不能满足我们的需要。

做美女太累，总被理所当然地认为是花瓶，所以潘金莲的智慧就显于此——她荆钗布裙，只以简单的笔描淡淡的眉，既使不涂脂不施粉的时候，也秀色可餐，有天然风韵。

所以潘金莲不是美女，她只是个女人。

虽是女人，却是个与众不同的女人，一个"水性杨花"的女人。

从传统的道德观来看，潘金莲类的女人水性杨花，殊不知，水性杨花是对一个女人极致的赞美。

水是柔顺、洁净、透明的，坚强时可成冰，温柔时可化水，见弯绕弯，可顺流而下，亦可逆流而上——水是女人的神髓。

杨花妖娆，飘忽不定，神密性感。虽然在陈旧的观念看来，这是作风败坏、用情不专的表现，但如今，越来越多的女人深知，女人不仅要有外在的气质和内在的涵养，更要有妩媚多情的气质，才能赢得男人的"非分之想"。

水若不动，无疑一潭死水；杨花若不扬，就只能等待凋谢。因此，水性杨花是女人的极致。

潘金莲正是这样的女人，出身小户之家，清秀可人，怎奈父亡家贫，被卖到张大户家中。好色贪淫的张大户仗势欺人，强要了潘金莲，但她虽然被迫失身，却宁死不肯做妾。后来张大户畏惧悍妻，只能把她给了房客武大。

人们眼中的武大是个"三寸丁，谷树皮"的人物，"搬个凳子也上不去炕"，但其实潘金莲并不嫌弃武大的外貌，她本想嫁鸡随鸡、嫁狗随狗，和武大过着日出而作、日落而息的日子。

但日子过了一段时间，她却发现生活并不像她想象的那样，

Chapter 2
天使去偷瓜，撒旦去看家

自己的男人非但样貌不出众，而且性格也窝囊，"普天之下，男人有的是，为什么将奴嫁与这样一个不争气的？每日牵着不走，打着倒退。回家来除了酒就是睡，推他不醒，摸他不动，好像一截死木头。"这是她心里的哀怨。

当她见到武大的兄弟武松时，心底压抑已久的感情一下滋生了出来，她爱他的傲然清高，更爱他的刚强无比。只是那个被封建道德观洗脑的男人并未接纳她的爱情，他冷冷地、不加思考地、不留余地地拒绝了她，也斩断了她刚刚萌发的爱欲。

但这次的怦然心动让她封闭已久的感情蠢蠢欲动，她感到身体里向往爱情、自由的烈火在撞击着她的身心。

于是，当另一个男人——西门庆出现时，潘金莲的生命中如吹入了一缕春风。那是个风流倜傥、英俊多情的男人，她为他所动似是情理之中。

而西门庆也显然被这个女人的爱情所打动，是的，他绝不是只被她的相貌打动。他腰缠万贯、妻妾成群，什么样的美女没有见过？什么样的美女弄不到手？但他依然被潘金莲深深吸引，吸引他的，正是潘金莲身上的女人味——妩媚、坚定、大胆、直爽。

这是一个追求自由与梦想的女人，这是一个为爱情执著的女人，她身遭困苦却不甘堕落——被张大户强暴却绝不肯当他的小妾，因为无爱；她敢爱敢恨——不惜一切代价地、奋不顾身地追随了西门大官人，因为有爱。

尽管受当时的时代的限制，她的做法有些"法盲"的味道，但她毫无疑问是一个不甘现状、敢与命运抗争的女人。

男人对这样的女人往往是爱若珍宝的，因为她们的真，因为

男人化妆
女人抽烟

她们的鲜活。有很多女人抱怨：我是温柔可人的淑女、我是精明能干的白领、我是出身名门的千金，怎么在男人眼里竟然比不上一个狐狸精？其实她们不明白，古今往来，最能打动男人心的是那些潘金莲样的、既妖又媚的女人。

如果是个维纳斯样的女神，或嫦娥般的仙女，大抵只能让男人远远欣赏，而不会对其有非分之想，因为她们太遥远，太虚幻，并不能点燃自己的激情，更不能满足心底的欲望。事实上，一个男人一生真正想要的、追求的，是一个潘金莲式的、狐狸精式的女人，出门是贵妇，上床是荡妇，风情万种，风姿绰约。

这与道德无关，其中的珍贵仅仅在于真实，在于毫不违背人本性的真实。这份真实，带出女人身上特有的万种风情。

曾经有一个女人有一段这样的经历：

这是一个绝对优雅有品位的女人，她每日以精致的妆容出入高级写字楼，无论工作、生活都做得极尽完美之能事，身边的人个个对她的能力羡慕不已。终有一日，她准备和相恋4年的男友走进婚姻的圣殿。

而就在婚礼举行前期，男友提出了分手，理由是：他不爱她，他爱上了别人。

她心碎之余问了一个所有女人都会问的问题："她哪里比我好？"

男友是这样说的："她哪里也没有你好，没有任何一个方面会比你更完美。但就是你的完美，让我感受不到女人的气息。她是一个有很多小缺点的女人，正是因为这些小缺点，让我感受到了真实，让我觉得我是个男人，她是我的女人。"

Chapter 2
天使去偷瓜，撒旦去看家

从表面看上去，再没有比这更让人感到荒谬的理由了。但当我们慢慢回味这番话时，却品出了另一层含义——当一个女人处处不依附于任何人、处处不表露真实的自己、处处尽善尽美时，却不曾想，这样的女人并不讨人喜爱。对于一个男人来说，会犯小错、会有些依赖自己的女人更加令人疼惜。

如果把这个女人拿来和潘金莲做比较，你会发现前者更像个莲花般的女神，高贵、典雅、神圣、不可侵犯，但要命的正是这种"不可侵犯"，让生性具有攻击性、占有欲的男人望而却步，他们更想要那个如水、如杨花般的潘金莲。

一个不苟言笑、神情肃然的女人又有几个男人喜欢呢？女人要美丽、要抢镜、要妖艳，要以你的韵味动人心魄，移人意志，夺其目所属，得其心所归。

要想成为一个令男人爱到骨子里的女人，就要学会几个技巧：

无论如何，要拥有全套的化妆品

女人可以不化妆，但不可不懂化妆，更不可手边没有一样化妆品。你不必天天化妆，但与他约会时一定要精心妆扮。不要相信那些"只有内心美就够了"的谎言，懂得"妆"点自己的女人，才能散发迷人的光彩。

女人可以喜欢几个男人，但一定要选最爱自己的人和他在一起

只要没有结婚，你不必背上从一而终的心理包袱，多些选择对自己总是有利的。如果能有一个人和你彼此相爱是最好的，但如果不幸没有，宁可选择最爱自己的男人也不要选择自己爱而不爱自己的男人，要知道，爱别人是很辛苦的一件事，而被爱则是

幸福的。女人很容易衰老，如果奋力去爱而得不到爱，恐会老得更快。

女人允许自己暂时不幸，但一定要不停地追求幸福

不管你受过多少次伤害，也要学会去爱。不要因为以前的阴影就对别人心存猜忌，这样不仅会伤害自己，对别人也不公平。一个总陷在过去的女人，绝对算不上可爱。所以，你可以允许自己暂时不幸，但一定要不停地追求幸福的生活。

女人可以不完美，而且千万不能太完美

女人都喜欢自己是完美无瑕的，但如果真变成如此也就索然无味了。留一些小小的缺点让他包容，不要让他不知从何入手。

女人可以哭、可以闹、可以笑、可以喜，只是一定不要把这些感情埋在心里

女人是情绪化的动物，说哭就哭，说笑就笑，这是天性使然，千万不要刻意埋藏。有些女人为了不给男人增添烦恼，无论发生什么事都在微笑，永远也不会向他倾诉自己的痛苦，这样的女人虽然坚强，但却少了一些女人味。

女人在世上已然不易，何必再给自己增添不必要的负担？大可不必给自己太多压力，抛开束缚在身上的种种枷锁，既让自己放松愉悦、做回最好的自己，又让别人感到可亲可近，赢得所有人的青睐。

Chapter 2
天使去偷瓜，撒旦去看家

★ 心理小测试——你对男人有多少吸引力？

女人不同的性格对男人有着不同的吸引力，你是否是个风情万种、风姿绰约的女人呢？又是否能让你周围的男人拜倒在你的石榴裙下呢？一起来做做下面的小测验吧。

1. 阳光明媚的午后，你有些春心萌动，于是决定上街逛逛，幻想着没准会碰上什么令人心动的邂逅。当你梳洗打扮完毕，准备挑选衣服的时候，你会选择下面哪种颜色的裙子穿呢？

A. 绿色（看注释）

B. 红色（继续下一题）

注释：想一想马路上的红绿灯，或许你就不会奇怪为什么男人见到你总是继续走，而见到万人迷却立刻停下。

2. 试问一下自己，你是虚心的女人吗？

A. 是（看注释1）

B. 不是（继续下一题）

C. 有时是，有时不是（看注释2）

注释1：漂亮的女人不一定虚荣，但不够漂亮的女人一定虚心。

注释2：天下的女人似乎只分三种：漂亮的、不漂亮的、说不清漂亮还是不漂亮的。依据注释1显然第三种女人适合答案C。虽然虚心是一种美德，但不等于说，缺少了这种美德，一个女人就成不了万人迷。

3. 如果只有"天使"和"魔鬼"两个词，供你身边的男性来定义他们眼中的你，试想一下他们会选哪一个？

A. 天使（看注释）

B. 魔鬼（继续下一题）

注释：天使与魔鬼最大的差别在于：前者有好的心，而后者有好的身材。不幸的是大部分男人都选择后者。

4. 你是怎样的情人？

A. 诚实的（看注释1）

B. 不诚实的（看注释2）

C. 有时诚实、有时不诚实（继续下一题）

注释1：诚实的情人令人乏味。

注释2：不诚实的情人令人发指。好情人就是要让对方总觉得你很神秘。

5. 评价一下当下你的生活。

A. 乏味（看注释1）

B. 杂乱（看注释2）

C. 让别人的生活杂乱（继续下一题）

注释1：感觉生活乏味或许是因为你总找不到人来爱，或总没有人来爱你。

注释2：感觉生活杂乱或许是因为你向太多的人示爱，而对他们又全部失去了控制。控制住爱你和你爱的人，并让他们的生活因你的出现而失去原有的重心。

6. 跟情人约会，你比他早到，你会做出何种判断？

A. 他在路上耽搁了（看注释）

B. 我一定是搞错了约会地点（继续下一题）

注释：你还没有掌握约会迟到原则。永远不要比你的情人早到，除非你记错了地点。

Chapter 2
天使去偷瓜，撒旦去看家

7. 你会回忆你的老情人吗？

A. 不（继续下一题）

B. 是（看注释）

注释：当一个人开始回忆童年时，就表示他已经老了，而当一个女人开始回忆她的老情人时，就表示她被新情人甩了。而万人迷应该是只有我甩别人，没有别人甩我。

8. 你对自己婚姻的预见是什么？

A. 只要我愿意，我一定能嫁掉（继续下一题）

B. 别人一定能嫁掉，我就难说了（看注释）

注释：悲观主义的女人认为自己嫁不嫁得出去，其关键不取决于自己，而取决于别人是否嫁给了那个本该娶我的男人。

9. 你觉得做女人比较麻烦，还是做男人比较麻烦？

A. 女人（看注释）

B. 男人（继续下一题）

注释：看来你对自己的容貌还是不够自信。要知道，漂亮的女人没有麻烦，她们只会为追求她们的男人制造麻烦。

10. 如果一个男人对你说：从来没人给过我这样的感觉。你的第一反应是：

A. 当然，我就是和别的女人不一样（看注释）

B. 他在说谎（去看结论）

注释：善意的谎言也是谎言，除了上面那一句，"你穿什么都好看"也同样不够真实。

男人化妆
女人抽烟

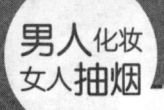

测试结论：

1. 如果你在完成 10 道测试题的过程中，一次注释都没有看，那么你是标准的万人迷。因为你够漂亮、够自信，特别是对追求你的男人够狠。你鲜明的个性让你周围的男人感到深深被吸引，你的一举手、一投足间都带着无限的风情，保持你的个性吧，它是吸引男人的致命武器。

2. 如果你在完成 10 道测试题的过程中，看了 1 次～5 次注释，那么你是很有发展潜力的千人迷。虽然与万人迷相比，你还有一定的差距，但现在的你已经摸索出了万人迷的要点，也就等于明确了继续提升自己迷人指数的目标。提升自己的个性，让自己更加瞩目，你成为万人迷的那一天指日可待。

3. 如果你在完成 10 道测试题的过程中，看了 5 次以上的注释，那么你可能算不上万人迷，但十人迷总还是够资格的。也许你可能不属于天生国色天香的美女，但你仍然能够以个性取胜。男人看女人并不全部都是看长相的，也要有气质，有个性才行。多加把油，一定能够提升你的魅力指数。

4. 如果你在完成全部 10 道测试题的过程中，看了全部的注释，那么你不可能是万人迷、千人迷、百人迷或十人迷，你对男人来说只是一个可远观而不可亲近的大姐姐，他们往往会对你尊敬有加但亲切不足。不过这也并非无法弥补的事情，只要你能多一些微笑，多展示自己独特的个性，你就能渐渐地向吸引男人的尤物看齐。

Chapter 2
天使去偷瓜，撒旦去看家

慷慨痛哭，失声微笑

我们总有这样的感觉：心里像压了块大石头，哭也不能哭，笑又笑不出来。这证明你已深受生活的压力。其实每个人都难免会遇到各种各样的压力，每当此时，不妨慷慨痛哭，失声微笑。

有一个中年男子，他生活得非常幸福，妻子很温柔，儿子也很孝顺。中年男子和他的妻子都退休了，每日在家遛遛公园、养养花，日子过得神仙一般。

他的儿子也已经长大成人了，将要参加工作了，而不幸的事情却发生了——有一天晚上，儿子和同事在去 KTV 的路上发生了车祸，车上的四个人全部当场死亡。

中年男子得到这个噩耗后悲痛欲绝，但更加不幸的事情又一次发生——本有心脏病的妻子得知儿子去世后，一下子瘫倒在地上，再也没有起来。

男人化妆
女人抽烟

　　一夜之间，中年男子失去了两个最亲的人，一个是恩恩爱爱几十年的发妻，一个是辛辛苦苦扶养长大的儿子。人生有两大悲痛之事，一是中年丧妻，二是老年丧子。这两件人生的大不幸，竟然一下子全被这名中年男子摊上了，他的邻居们得知后非常担心，都替他捏了把汗，不知道他该如何挺过这一关，甚至有一位邻居说："如果换了是我，我想我都活不下去了。"

　　那名中年男子把自己关在屋子里，三天不曾出门。在这三天里，邻居每日都能听见从他的屋里传来的痛哭声，闻者心痛，扼腕叹息。

　　可让所有人没想到的是，三天之后，中年男子打开房门，像以往一样，穿着一身干净的衣服，提着鸟笼，笑呵呵地去公园遛鸟了。

　　邻居见状，暗暗以为他是不是疯了，怎么才三天就从悲痛变得跟往常一样了。

　　当有人试探着询问那中年男子时，他笑着说："我哭也哭过了，痛也痛过了，生活还得继续，该怎么过还得怎么过，呵呵。"他指了指天上，"我不能让他们为我担心。"

　　这就是慷慨痛哭的力量，把悲伤一泻千里，从此再不属于自己。人就是这样，每当痛苦降临，总要找到一个缺口，把所有的不快发泄出去。

　　有些人总抱着男儿有泪不轻弹的思想，认为压力来时不管再怎么艰难也要顶住，而结果只是别人看不到他们的悲伤，他们自己的内心却被痛苦侵蚀，像被无数的白蚁一口口咬掉皮肉。

　　每个人都会感觉到各种来自生活的压力，每当此时，找出压

Chapter 2
天使去偷瓜，撒旦去看家

力源是首要任务。有些人碰到的压力是突如其来的，比如上面那位中年男子，也有些人的压力是长期积累的，比如来自工作。

一旦找到压力的源头，不要急于掩盖。有些人觉得压力仿佛是一件很不体面的事情，总想方设法地掩饰，让人觉得自己活得很轻松。这其实是最要不得的一种方法。对于压力而言，越掩饰就越痛苦。

相反，你应该试着改变这些压力源，如果无法避免，可以调整自己对它的反应。比如当一个人对你有很差的评价时，先试着对它置之不理，等情绪平复后，再去考虑他说的是否是真实的。

这些说起来容易做起来却难，尤其是当你很在乎某件事的时候，可以试着调试一下自己的心情，比如想一下取悦周围的每个人是否必要？别人对你的看法是否真的对你很重要？

如果你还不能排除压力，那么必要的发泄是不可少的。就像前文提到的中年男子，哭要哭得慷慨，痛哭过后，是一种更加强大的力量，是一种生的希望！

相对于慷慨痛哭来说，失声微笑是一种更为洒脱，也更为平和的生活态度，它有着更高的境界。所谓失声，即为放声，是下意识的产物。放声却又微笑，是一种喜而有度、深邃内敛的人生。优雅、从容淡定的人，活得就是一种心情。

有一位中国女作家在美国的街头遇到一位卖花的老妇人，这位老妇人穿着一身非常破旧的衣服，花白的头发衬着满脸的皱纹显得相当的憔悴，身体看上去也非常虚弱，但是她脸上的神情却极为快乐，令看到的人也忍不住从心里感到快乐。

女作家走上前去，在老妇人的篮子里挑了一枝花，说："您看

上去相当高兴啊。"

老妇人笑了笑:"为什么不呢?一切都这么美好!"

女作家听了随口说:"您对烦恼倒真能看得开。"

老妇人对女作家说:"当耶稣在星期五被钉在十字架上时,是全世界最糟糕的一天,可是三天后就是复活节。所以每当我遇到不幸时,就会等待三天,一切就恢复正常了。在这三天中,如果我什么也不能干,那么就试着微笑,等三天后,笑容就会越来越灿烂。"

老妇人的话令女作家回味了许久,多么乐观的生活态度,把痛苦与悲伤全部抛下,全力去收获快乐。

这类似于"人淡如菊"的境界,有着菊的淡定和执著,有着菊的灿烂和坚持,少了一些艳压群芳的霸气,淡淡地生活,淡在名利之外,淡在骨气之内。这样的淡,能够让我们在压力之中返璞归真,从容应对一切。这就恰似失声微笑,激昂却归于平淡,丰富而归于本真,畅达而敛于娴静。

这种境界也许一时间难以企及,但当铅华洗尽,蓦然回首,那是一种充满生机的幸福……

Chapter 2
天使去偷瓜，撒旦去看家

★ 心理小测试——测试你的抗压指数

压力是每个人必须面对的问题，在沉重的压力下，你能够从容面对，并找出发泄的渠道，不让压力带走本应属于你的快乐吗？用一个小小的奇异果来测试一下吧。

每当有人提起奇异果时，你会有什么样的感觉？

A. 奇怪的水果，不像是真的
B. 点缀甜点时非常漂亮
C. 喜欢它是因为它是营养丰富的水果
D. 想把它当成球，可以丢可以玩
E. 毛茸茸的外皮不太好看
F. 毛茸茸的外皮很可爱
G. 青涩香甜
H. 小巧可爱
I. 在阳光照耀下，好像黄金水果般可爱

选 A. 奇怪的水果，不像是真的：
承受压力指数★★
你是一个会编织梦想的人，希望拥有一个童话般可爱的人生，你不喜欢为他人制造麻烦，也喜欢能够帮你编织梦想的朋友。可如果现实一旦不如你所愿，你就会伤心失望，陷在理想与现实中苦苦唉叹，很难自己打破压抑的气氛。要注意，你已经是个大人了，不能永远活在理想的世界里，要学会面对压力，只有面对，才有出路，不然你永远都会活在压力中。

选 B. 点缀甜点时非常漂亮：

承受压力指数★★★

你有诚恳的生活态度，喜欢简单朴实的人生，会全力以赴地去照顾和体贴心爱的人和所有亲朋好友。这样的你让周围的人备感温馨，很乐于和你相处。不过，多愁善感是你的致命伤，常常因一点不如意而心情悲伤，久久不能走出来。要学会调节自己的心情，不要让自己丢掉快乐。

选 C. 喜欢它是因为它是营养丰富的水果：

承受压力指数★★★★

你很容易为生活琐碎担心，虽然不太在乎物质生活，却很强调生活品位，你能理性分析事情，但又因缺乏感性生活而十分无奈。你需要同时兼具理性和感性的人生才能感到满足。当你无法承受生活压力时，不妨让自己平凡一点，别在乎别人的期望，因为常常是你自己设定了太高的期望，使自己无法喘息。

选 D. 想把它当成球，可以丢可以玩：

承受压力指数★★★★★

你的性格比较孤独，尤其因为孤芳自赏所以不被他人肯定。在这样的情况下，你不能清楚地了解自己的优点与缺点，缺少别人的评价，让你不知道自己的价值所在。你有一种比较庸懒的生活思想，总想着以不变应万变去解决生活难题。只要你懂得努力追求自己所爱，坚持在一个固定的职业上，不在乎艰难的日子，也能平安过一生，不太会被压力困扰。

选 E. 毛茸茸的外皮不太好看：

Chapter 2
天使去偷瓜，撒旦去看家

承受压力指数★★★★★

你的个性细致、敏感，比较适合有创意的工作，适应能力很强。你是个颇具勇气的人，感情和事业在你眼里都是十分重要的，你的勇气让你的胆识高人一等，无论面对什么困难，都有十足的信心去解决。你的压力多来自你的人际关系，只要处理好人际关系，压力就会消失。

选 F. 毛茸茸的外皮很可爱：

承受压力指数★★★★★★

你活泼、浪漫、天真，像未失童心的人，永远能陶醉在欢笑声中，快乐时会想欢呼或手舞足蹈，你不会让痛苦或不安打扰你欢愉的心情，是典型适者生存者。不过你的持续能力不长，有碍事业发展。若喜欢把事业放在娱乐之后，更需检讨人生失败的原因，因为你会因此而导致太多困扰。

选 G. 青涩香甜：

承受压力指数★★★★★★★

你的生命力旺盛，能快速了解别人的需要，善于理解复杂的人际关系，容易成为富贵中人。你的品位高，条件好，并重视个人成长，是一个极有智慧的人。值得注意的是，你容易自以为是而粗心犯错，这会使别人深感困扰。当别人劝诫你时，你很可能情绪失控，压力也来自于此。要记得小心管理自己的情绪，不要触犯他人。

选 H. 小巧可爱：

承受压力指数★★★★★★★★

你对人诚恳，对事有自己独到的见解，你虽然能透视这个世界，但仍能找到纯真善良的一面，充满自信又肯上进。你善于创造健康快乐的人生，与人和平共处，人缘极佳。但你要小心，对人过于宽厚的

**男人化妆
女人抽烟**

你常常包容他人的缺点，任由他们做坏事，不知后果的严重性，小心因受牵连而产生的压力。可多交一些处世圆滑的朋友，让他们教你学会为人处世。

选1. 在阳光照耀下，好像黄金水果般可爱：
承受压力指数★★★★★★★★★★

你是天生的抗压明星，可以对任何事都看得很开。你喜欢追求理想的世界，只要能达到你的目标，其间出现的任何困难你都视若无睹，根本对你构不成任何压力。你的快乐最为单纯而自然，能时时知足又懂得不断去追求。虽然你有天然的抗压特性，但仍需要多结交一些有智慧、有远见的良师益友。

Chapter 2
天使去偷瓜，撒旦去看家

完愈"白雪公主综合征"

俗话说："一白遮百丑。"有了这句话的号召，几乎所有的女孩儿都希望自己拥有白皙细嫩的肌肤，纷纷把"没有最白，只有更白"作为自己的美容信条。有人还给这种现象起了个好听的名字，叫"白雪公主综合征"。

Daisy 是个很漂亮的女孩子，大大的眼睛，两个深深的酒窝，一笑起来可爱得不得了，她身材高挑，是众人眼中的美女。

可是 Daisy 却整日烦恼，原因无他，就是因为她太黑了。可能跟遗传有关，Daisy 从小皮肤就黑黑的，每次有人开玩笑说她黑，她就觉得心里很不舒服。

Daisy 特别希望自己能像广告片里的女主角一样拥有像雪一样的肌肤。她买了很多美白产品，三天两头做面膜，去美容院，钱花了不少，可是效果却不大，只是比以前白了一点点，而且脸

男人化妆 女人抽烟

部的颜色和颈部、手臂相差了不少，一点也不统一，根本达不到她想要的效果。

随着 Daisy 与美白斗争的时间越长，她心里的自卑也就越重，她总是在看着那些白白嫩嫩的女孩儿，一想起自己古铜色的皮肤就觉得自己难看。这种想法给她带来了很大的负担。

而更令 Daisy 生气的是，每当她的男朋友听到她说要美白时，总是毫无"同情心"地大笑，一边笑还一边说："你怎么那么死心眼啊，不就是不白吗？有什么了不起的？你难道不知道现在流行古铜色的肌肤吗？"

Daisy 不相信，认为男朋友是在安慰自己，依然一个心眼儿地美白。

男朋友见她真的这么认死理，就特意搜集了很多时尚杂志，指着上面古铜色肌肤的模特给 Daisy 看，还告诉她很多女生想方设法地追求黑色的肌肤呢，杂志上写着，雅诗兰黛金棕仿晒系列、THE BODY SHOP 绝色艳阳系列，还有一些自动黝黑产品、仿晒纸巾等等，都可以帮助人们迅速晒黑。

Daisy 看了简直觉得不可思议，她费尽心思地要美白，而有些人却费尽心思地晒黑。男朋友说："不管是黑一点，还是白一点都不那么重要，只要自己觉得开心就好。你整天跟美白较劲，浪费时间和金钱不说，还弄得自己不开心，没有自信。这是何苦呢？"

Daisy 听了男朋友的话觉得有些道理，但一时间还是转不过这个弯来。于是男朋友就每天都向她渗透"黑一点更好看"的思想，还主动为她搭配一些适合黑皮肤穿的衣服。

久而久之，Daisy 被男朋友说动了，她开始觉得黑皮肤其实

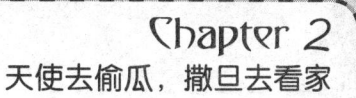

Chapter 2
天使去偷瓜，撒旦去看家

也挺好的。她还照着时尚杂志上那些古铜色模特化的彩妆和穿的衣服，来为自己打扮，塑造出了别有韵味的自己。身边的人都惊喜地发现了她的变化，经常夸她又变漂亮了。每当再有人拿她的黑皮肤开玩笑时，Daisy再也不自卑了，她总是骄傲地昂着头说："这样才够个性！"

的确，对于永远走在潮流尖端的美眉来说，"白"再也不是美丽的唯一标准，黝黑的蜜色皮肤成为了健康、个性和时尚的代言。

不要总是为了皮肤的黑白而耿耿于怀，当你陷于这些无可改变的色彩时，就等于给自己上了一副心理枷锁，这是完全没有必要的。

无论是追求白色肌肤还是追求黑色肌肤，都不能千篇一律，如果只为了这些就让自己背上心理负担，岂不是太不值得了吗？

白色的肌肤很干净，黑色的肌肤很性感，只要符合自己的个性，不违背自然，从心中认为自己是美的，那就是无人可及的，你就是最有个性的。

其实不管是追求白色肌肤还是追求黑色肌肤，都只是一种表面现象。当我们往更深层挖掘，不难发现，这其实来自我们的心理问题。

当我们过于追求外在的一些表象时，思想就会全部集中在此，而表象是虚幻的，是普天下最不靠谱的东西，今天是这样，明天就有可能是那样，心情好的时候看自己是一个样，心情不好的时候看自己又是一个样，这是一个极为难理解的东西，它会导致我们出现很多混乱和错误。

这就好比一个在沙漠中行走的男人，猛然间看到了一片海市

蜃楼，在那当中伫立着一个明眸皓齿、嫣然巧笑的异域女子。从此他便心向往之，一心一意要找到她，哪怕只是远远地看她一眼也好，全然不顾在家中等待他的妻子。

可想而知，他并没有找到那个虚幻的影子，只是日复一日、年复一年地在沙漠中游走，放弃了一个幸福的家庭。

乍看之下，这名男子和我们本章要说的"一白再白"没有太大的关联，但仔细想想就会发现其中大有联系。

那男子追求的异域女子与很多女孩子追求的美白都是虚幻的假象，都是看似近在咫尺，实际却并不好得到的东西，这些东西并非生活所必需，而是一种附加品，有也可，没有也可，强行追求，必给自己带来负担，你的生活也因此而变得不快乐。

要想不被表象迷惑，有此方法：

知道什么是最适合自己的

你可以羡慕别人，但一定要弄清什么才是最适合自己的，只有这样，你才能够不被表象所左右。

建立一个生活目标

学会为自己建立一个生活的目标，也可以说是你的精神支柱或是信仰，可以是你的家庭或是你的父母或是自己的理想，当外界发生干扰时你可想到自己的目标并没发生变化，所以心情就可以不受影响。

保持豁达

豁达的人不会太在意外界的变幻，他们往往更注意本质，保持一个豁达乐观的心境是相当重要的。

延长自己的视野半径

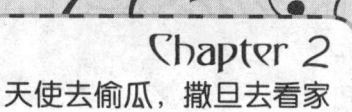

Chapter 2
天使去偷瓜,撒旦去看家

让自己的视野开阔一些,你会发现很多值得关注的事情,也会增强判断事物的能力,这对你是很有好处的。当你的视野开阔了以后,是否还要为这些外在的、并不重要的东西困扰自己?聪明如你,一定知道如何选择。

男人化妆 女人抽烟

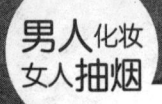

★ 心理小测试——你在意别人的眼光吗？

我们总是在不知不觉间被别人的审美观影响着，别人说白一点好看，我们就下意识地美白；别人说瘦一点好看，我们就开始减肥。我们总是生活在别人的目光中，像是在为别人活着。测一测你会被别人的审美观影响快乐心情吗？

请使用行人、树木、房子3个条件画一幅画。

A. 人比树木、房子大

B. 人比房子小，但比树木大

C. 房子、树木都大，但人小

D. 人的大小不属于前面的三种情况

选A. 人比树木、房子大：

你生性对美有很高的追求，是个富有罗曼蒂克气息的人。正是因为这样，你很容易被温和而女性化的人影响，以她们的好恶为审美标准，不自觉地隐藏自己的本意。

即使有时你认为自己认为的才是美的，但一旦被人否定，或提出相反的意见，你便会犹豫不决，放弃自己的想法。显而易见，这样的你常常被别人左右你的心情，不能够享受生活带来的乐趣。

选B. 人比房子小，但比树木大：

你的个性很强，有着自己独到的审美观，不会因别人的言论改变自己的看法。非但如此，你还能在别人都提出反对意见的时候坚持自己的观点，勇敢地选择自己的路，让自己的生活充满阳光。

Chapter 2
天使去偷瓜，撒旦去看家

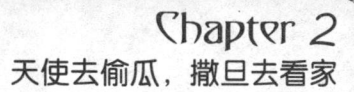

选 C. 房子、树木都大，但人小：

你热爱一切感性的事物，不被别人所左右，能坚持自己的意见。但你是个很讲理的人，如果别人讲得有理，你是可以以理论事的，这种率直是你的魅力，能为你增添不少人气指数。

选 D. 人的大小不属于前面的三种情况：

你非但不会被别人左右，反而能将别人同化，你会用自己的一套理论说服对方，让别人的意志跟着你走，使你们更加亲近、更加了解。你是众人眼中的魅力女人，把自己与别人的生活都装扮得精彩纷呈。

Chapter 3
换个方式去上班

曾经有一句很经典的广告词：
"胃疼？光荣！"
有胃病的人都是忙于工作的，
但细想下去，
忙碌的工作除了胃病和一些金钱之外还能让我们收获什么呢？
从年头忙到年尾，
当做年终总结的时候，
猛然发现自己什么也没有得到。
如今越来越多的人已经从为生存而工作
转变为为理想而工作，
继而再到为快乐而工作。
他们不断地调整自己、充实自己，
既不耽误工作，
又轻松地享受生活。

换个方式去上班

Chapter 3
换个方式去上班

每天忙碌碌，一年空落落

当生活中只有工作时，你还剩下些什么？

这是小美最近一直在思考的问题。从她大学毕业步入社会开始，就一心放在工作中，她期待能够在事业上取得成就。小美的父母也常常督促她要努力工作，那些"今天工作不努力，明天努力找工作"的格言警句已经被小美背了个滚瓜烂熟。

刚入公司时，小美只是一个很普通的小文员。她很认真地对待每一项工作，而且还热心地帮助其他同事。领导很赏识小美，才半年的工夫就升她做了见习主管。小美的确很有能力，也很有敬业精神，总是主动地加班加点，力求把工作做得最完美。

就这样，小美从见习主管逐渐升为主管，再升到客户部经理，她越升职就越忙，越忙就越让领导觉得她肯吃苦，就习惯性地派更多的任务给她。

为了工作，小美牺牲了很多业余时间，在两年多的时间里，她几乎把全部心思都扑在了工作上，就算是下了班她的脑海中也都是工作上的事情。她推掉了一切好友聚会，因为她实在太忙了，根本抽不出一点时间去参加娱乐活动。

在那两年中，小美真的可以说是心无杂念地在工作，她全部的想法就是把工作做好。可是最近，她突然反思起来：自己的生命中除了工作还有什么？

她之所以会这么想是因为发生了一件意想不到的事情——她的大学同学，也是她最好的朋友突然得胃癌去世了。从发现病情到死亡，不过是短短的半年时间。在去世前，她的好友不无留恋地说："一辈子过得真快啊，我还什么都没有做呢！"

好友的这句话带给小美很大的震撼，从那一刻，她就不停地问自己："我究竟做了些什么呢？工作？工作？还是工作？"

想了很久，除了工作之外，小美实在想不出任何在自己生命中重要的事情了。她又想："这两年的拼命工作换来的是什么呢？不错，自己的确在事业上有了进展，得到了一定的职位，得到了丰厚的薪水，可除此之外呢？我的朋友、我的爱好、我的快乐统统都没有了。这样的人生还有什么意思呢？"

于是小美开始放慢了工作的速度，不再像以前那样整日忙碌了，她开始重新审视生活，把以前忽略掉的朋友再约出来，互诉情感，下了班去打打球、游游泳，她还报了一个插花班去学插花，为自己的生活增添色彩。

有了这些改变后，小美发现似乎天也蓝了，树也绿了，连呼吸都顺畅了，而且还收获了很多东西。

Chapter 3
换个方式去上班

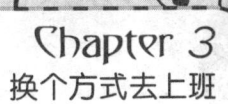

曾经有一句很经典的广告词是这样说的："胃疼？光荣！"

意思就是有胃病的人都是忙于工作，那么细想下去，忙碌的工作除了胃病和一些金钱之外还能让我们收获什么呢？就如同故事中的小美一样，总是忙于工作，很少停下来思考，这让我们失去了很多东西，从年头忙到年尾，当做年终总结的时候，猛然发现自己什么也没有得到，我们中的很多人都是如此。

现在，越来越多的人认识到了这一点，他们也都经历了这样一个过程：为生存而工作——为理想而工作——为快乐而工作，所以他们不断地调整自己、充实自己，既不耽误工作，又轻松地享受生活。

那么如何才能既保证很好地完成工作，又不会因忙碌而一无所获呢？下面就来教大家几个简单易行的小方法。

运动法

很多人都觉得自己工作太忙了，哪有时间做运动，但其实运动是无处不在的。比如，早晨早起五分钟，走到离家门口一站地之外的车站去坐车，又或者在上班的时候，每隔一个小时就跑去厕所坐几下伸展运动，再或者当东西掉到地上的时候双腿并拢俯身去拾，这些不起眼的小动作不仅可以帮你抻抻筋骨，更可以通过运动使你的心情放松。

日记法

记录下每天发生的点滴，定期回顾一下，你就知道这段时间自己做了些什么，没有做什么，在下个阶段你就可以有针对性地安排你的生活了。虽然现在已经很少有人再抱着厚厚的本子写日记了，不过你完全可以写写博客，把自己的心情简要地记上几句，

也不失为一个减压的小渠道。

学习法

不要以工作忙为借口不学习，无论学什么都要为自己进修，比如学外语、学车，或是每个月看一本有意义的书，总之不要让自己停止学习。

总结法

每隔一段时间就为自己做个小总结，最好能够写下来，记录在同一个本子上，方便日后回顾。想想你这一段时间都做了哪些事情，又有哪些事情是计划做而没有做的，从而调整你下一阶段的生活。

要记住，不论有多忙，都要为自己的生活留下一个脚印，留下一些值得回味的东西。

Chapter 3
换个方式去上班

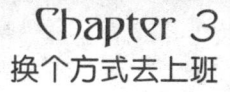

★心理小测试——测测你的工作疲劳度

工作不是生活的全部，不要太劳累。根据括号里的分数为自己打分，看看你的疲劳度如何。

1. 如果失业，我担心自己找不到工作。
   A. 完全没有这样的感觉（1分）
   B. 偶尔会有这样的感觉（2分）
   C. 经常会有这样的感觉（3分）
   D. 我总是有这样的感觉（4分）

2. 早晨醒来，我为工作而担忧。
   A. 完全没有这样的感觉（1分）
   B. 偶尔会有这样的感觉（2分）
   C. 经常会有这样的感觉（3分）
   D. 我总是有这样的感觉（4分）

3. 工作压力增加，我感到不安。
   A. 完全没有这样的感觉（1分）
   B. 偶尔会有这样的感觉（2分）
   C. 经常会有这样的感觉（3分）
   D. 我总是有这样的感觉（4分）

4. 我发现自己容易生气或易被激怒。
   A. 完全没有这样的感觉（1分）
   B. 偶尔会有这样的感觉（2分）

C. 经常会有这样的感觉（3分）
D. 我总是有这样的感觉（4分）

5. 我做起事情来手忙脚乱，没有耐心。
A. 完全没有这样的感觉（1分）
B. 偶尔会有这样的感觉（2分）
C. 经常会有这样的感觉（3分）
D. 我总是有这样的感觉（4分）

6. 我不能完全控制自己的工作方法。
A. 完全没有这样的感觉（1分）
B. 偶尔会有这样的感觉（2分）
C. 经常会有这样的感觉（3分）
D. 我总是有这样的感觉（4分）

7. 我在工作中得不到信任与赏识。
A. 完全没有这样的感觉（1分）
B. 偶尔会有这样的感觉（2分）
C. 经常会有这样的感觉（3分）
D. 我总是有这样的感觉（4分）

8. 我为自己工作是否落后而担忧。
A. 完全没有这样的感觉（1分）
B. 偶尔会有这样的感觉（2分）
C. 经常会有这样的感觉（3分）
D. 我总是有这样的感觉（4分）

Chapter 3
换个方式去上班

9. 我不知道自己的工作到底是好是坏。

A. 完全没有这样的感觉（1分）

B. 偶尔会有这样的感觉（2分）

C. 经常会有这样的感觉（3分）

D. 我总是有这样的感觉（4分）

10. 似乎无人想了解我此刻的心情。

A. 完全没有这样的感觉（1分）

B. 偶尔会有这样的感觉（2分）

C. 经常会有这样的感觉（3分）

D. 我总是有这样的感觉（4分）

11. 我很难弄清自己的真实感受。

A. 完全没有这样的感觉（1分）

B. 偶尔会有这样的感觉（2分）

C. 经常会有这样的感觉（3分）

D. 我总是有这样的感觉（4分）

12. 我一直压制着自己的情感直至最后爆发。

A. 完全没有这样的感觉（1分）

B. 偶尔会有这样的感觉（2分）

C. 经常会有这样的感觉（3分）

D. 我总是有这样的感觉（4分）

13. 很难抽出时间与亲友在一起。

A. 完全没有这样的感觉（1分）

B. 偶尔会有这样的感觉（2分）

男人化妆
女人抽烟

C. 经常会有这样的感觉（3分）

D. 我总是有这样的感觉（4分）

14. 我身边的朋友经常抱怨找不到我。

A. 完全没有这样的感觉（1分）

B. 偶尔会有这样的感觉（2分）

C. 经常会有这样的感觉（3分）

D. 我总是有这样的感觉（4分）

15. 太劳累了，没有时间和亲友在一起。

A. 完全没有这样的感觉（1分）

B. 偶尔会有这样的感觉（2分）

C. 经常会有这样的感觉（3分）

D. 我总是有这样的感觉（4分）

测试结果：

低于24分　疲劳指数★

你基本没有什么工作压力。你很会处理工作与生活之间的矛盾，永远不会把自己弄得疲惫不堪，你最讨厌被工作占据了你的私人时间，总是毅然决然地和压力大的工作说"bye-bye"。你是一个讲究生活情趣的人，喜欢严格地划清8小时的界线。你在上班时间，会精力集中地做好每一件事，可如果你下了班，就不会再思考有关工作的任何问题，把身心完全放松下来，投入到私人的生活中去，从中享受极大的快乐。

25分~34分　疲劳指数★★

Chapter 3
换个方式去上班

你喜欢轻松自由的工作,不喜欢被它束缚。你不是很习惯忙碌的工作,一旦工作太忙了你就会觉得委屈,想方设法地逃开。

35分~44分　疲劳指数★★★

你的工作压力过大,整天就想着工作上的事情,就连和家人待在一起的时间也很少,更不要提有什么娱乐活动了。这样忙碌的工作让你备感压力,总觉得闷闷不乐,胸口像压了一块大石头。留些时间多和亲朋好友聚一聚,排遣不良压力。

高于45分　疲劳指数★★★★★

你的工作压力已经快要达到承受极限,几乎就连做梦都在想着工作,可谓是一天24小时都在工作。这样的工作量就算是机器也难以承受,因此你常常觉得压抑、易怒,遇到不顺心的事情就悲观,你已经出现了心理问题,在为自己减压的同时,也可以找个专业的心理专家咨询一下。

男人化妆
女人抽烟

加班是无效劳动的开始

　　杨先生是一家传媒公司的员工，这是一个熬人的行业，虽然标榜的工作时间是早九点到晚五点半，但全公司的员工谁也没有享受过这样的待遇，大家常年被加班搞得疲惫不堪。最可恨的是，偏偏老板将"加班"列为成为优秀员工的标准，虽然没有明文规定，但已经成了一种"潜规则"，谁要是不加班，那简直就视为自动离职了。

　　杨先生和同事们已经习惯了这种疯狂的加班了，事情多得仿佛永远都做不完，不论是几点下班，手头上都源源不断地有工作送来，这样一来，大家就只能加班到更晚。

　　这样的恶性循环让杨先生几乎崩溃，他不但没有了与家人、朋友相处的时间，连正常的休息时间也被剥夺了，每天他只能睡五六个小时，有时甚至只能睡三四个小时。

Chapter 3
换个方式去上班

　　精神疲惫的杨先生每天到了公司的第一件事，就是冲一杯咖啡或浓茶，要不然恐怕连走路都会睡着。时间一长，就连咖啡和浓茶都不怎么起作用了，杨先生只得苦笑着跟同事打趣说："这下恐怕得注射才管用了。"

　　不光杨先生一个人是这样，其他的同事皆是如此，整个工作团队都处在一种几近变态的疯狂加班中。

　　一切违反自然规律的事情肯定无法长久，终于有一天，杨先生的一个同事再也忍受不了无理的加班了，他毅然决然地到了五点半就打卡走人，并且从此后每天到了五点半就准时下班。

　　起先，大家还以为那个同事疯了，要不就是不打算要这份工作了，可是一个星期后，大家觉得"他走我为什么不能走"，于是不约而同地在五点半的时候排在打卡机前面挨个打卡下班。

　　当这种按时上下班在办公室流行起来时，大家开始发现工作狂并不是一个值得炫耀的称号，生活中还有很多比加班更重要的事情。自此之后，那些加班的人不再被视为爱岗敬业，而是被视为不懂生活的人。

　　最让他们惊喜的是，当他们不再加班后，工作业绩非但没有下滑，反而有上升的趋势。因为得到了充分的休息，有了足够的私人时间可以放松心情，所以工作起来也格外带劲，精神也足了，心气儿也高了，想法也多了。他们的老总也很高兴看到这样的团队，在年底的时候，还给了每人一个大红包。

　　有些人认为，加班是给老总留下好印象的重要条件，如果不加班或干脆拒绝加班，那么就会给老总造成一种非常不努力的印象，不但升职加薪再也轮不到自己，而且连饭碗恐怕都难以保住。

男人化妆
女人抽烟

　　那么就让我们来看看老总们都是如何看待加班的：

　　耐克公司的上海联络处人力资源经理肖月览，作为一家运动公司，"耐克希望自己的员工健康，倡导的是工作与生活的平衡，所以我们不提倡加班。耐克不鼓励员工加班，如果员工总是加班，说明我们的管理层在是否用对人、人员配置和工作量的把握上出了问题。我们的大老板，一下班就带头回家了，很少留在办公室加班。虽然有些时候，他可能把工作带回家去做了。但他下班就离开办公室的做法，是一种姿态，告诉员工，公司并不要他们牺牲生活提供服务。其实绝大部分员工心里非常反感加班，很多应聘者就表示耐克对加班的看法绝对人性化。"

　　七匹狼集团董事长周少雄说："我们经历了一个由强制加班到强制不加班的巨大转变。"

　　公司刚成立时，周少雄和员工们的确都经常加班到很晚，但后来，他发现加班搞得员工们疲惫不堪，很多加班时间完全出不了成绩，变成了"鸡肋时间"，而且长期加班的文化让员工习惯于不动脑子，等待指令。于是周少雄决心改变公司的工作习惯，规定"员工最晚8点之前必须离开公司"，而且告诉员工企业不提倡加班，希望他们有更丰富的业余生活"。

　　北京零点研究集团董事长袁岳说："我鼓励员工在不加班的状态下完成工作。我们的加班也完全是自愿的，即便公司的项目很紧，但如果该项目所在团队的某个员工不愿意加班，我们也不会强迫他，更不会为此而对他有成见，毕竟最了解自己工作状态的只有自己。"

　　他还表示不会因为看到某个员工经常加班而欣赏他，相反如

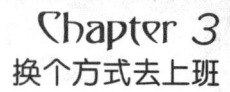

Chapter 3
换个方式去上班

果真的经常看到他/她下班后很晚还没有回家，袁岳会要求人力资源部门找她谈话，看是工作派得太重了还是有其他的原因。

听了这些企业领导的声音，你还在"废寝忘食"地加班吗？你还在整日为手头的工作忙得团团转吗？你还对拒绝加班有所异议吗？赶快抬起头喘口气吧，按时上下班、拒绝加班已经成为职场新的流行趋势，如果你还对要不要拒绝加班有所保留，就来看看拒绝加班的7大理由：

工作是永远做不完的

办公室的工作就好像一个圆形，你永远找不到起点也找不到终点，你手里的工作也就没有所谓的开始与结束。正因此，不要总想着加加班就能把它们做完，就算你一年都可以不吃饭不睡觉，也绝对做不完工作的。

不加班让你更有效率

如果你总是想"反正还要加班呢，这些事情还有的是时间来做"，那么你就无形中降低了你的工作效率，总想着反正还有时间，就会把手中的工作一拖再拖。而如果你拒绝加班，就必然在心中默想着"在下班之前我要做完这些事情，我要先做哪些后做哪些"，当你有了计划时，事情就会进展得比较顺利。

不给领导错觉

一般来说，只要领导不是变态到看不见你加班就难受的地步，他通常会对你的加班持两种态度：

一是你很愿意加班。

久而久之他就会认为你的加班是正常的，是理所当然的，如果不加班反而不正常了，他会以加不加班来评估你的工作表现，

那样一来你就永无脱离苦海之日了。

二是你的能力很差。

同样的工作，为什么别人能在下班前做完而你却总要加班呢？唯一的解释就是你的工作能力比别人差，做事比别人慢。如果领导产生了这样的想法，你可就得不偿失了。

不要精神压抑

当你总是加班的时候，就会发觉工作多得可怕，你就越要加班。长期如此，你早晚会精神崩溃或者得抑郁症。

家庭更重要

当你忙于加班时，会忽略身边的家人而不自知。当有一天你突然醒悟过来时，就会发现你几乎没有花任何时间与精力在父母、丈夫（妻子）、孩子身上，真是愧对他们，也愧对了生命。

珍爱生命

近些年来，一些年轻的白领在工作中猝死的消息频频见报，当年轻的生命消逝时，活着的人开始停下了加班的脚步，观望自己的生活，他们惊恐地发现，那些猝死的生命和自己极为相似，都是为工作不分昼夜，于是他们拒绝加班，合理地安排自己的生活与工作，珍爱生活。

这就诚如可口可乐的前CEO迪森所说："我们每个人都像小丑，玩着五个球，五个球是你的工作、健康、家庭、朋友、灵魂。这五个球只有一个是用橡胶做的，掉下去会弹起来，那就是工作。另外四个球都是用玻璃做的，掉了，就碎了。"

拒绝加班才能让偶尔的加班变得充满激情

拒绝加班并不是一概拒绝所有的加班，如果企业确实遇到突

Chapter 3
换个方式去上班

然的难题,偶尔地紧张一下也无妨。在偶尔加班的过程中,同事之间会体会到合作的激情和团队的力量,更容易把事情做好。

看了这拒绝加班的 7 大理由后,赶紧从这一刻开始,拒绝无理的加班,回家睡个好觉吧。

男人化妆
女人抽烟

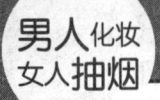

★星座心理——12星座的疯狂加班榜

第1名：处女座

热爱完美的处女座对每一个细节都追求无憾，对待工作也绝对是非常认真，哪怕一件小小的工作也要做到极致。因此别人的工作都做完了，他们也要忙碌到很晚才下班。这种对工作的高精度追求还是令人佩服的。

要注意的是，不要把简单的事情搞得复杂了，那样会累坏自己，也累坏团队中的其他人。

第2名：白羊座

白羊座的工作速度是没的说的，别人还埋头苦干时，他们已经用闪电般的速度搞定了，然后用剩下的时间悠闲地做自己的事情。不过不要高兴得太早，当老板检查工作时就会发现白羊座的员工上交的工作简直是错误百出，只能按捺住心中的怒火请你重新做。这样的加班可是自找的，与老板无关。

建议你多拿出一些耐心，仔细地把手中的工作检查清楚，万一出了大的纰漏可为时晚矣。

第3名：天秤座

天秤座的人加班通常不是老板强加于你的，而是因为——你实在太慢了。你很擅长"磨洋工"，把半个小时就能搞定的工作拖到两三个小时，永远也无法在下班之前完成今天的任务。

建议白羊座的你为自己制订一份工作计划，应该一个小时完成的工作绝不拖延一分钟。

Chapter 3
换个方式去上班

第4名：摩羯座

摩羯座的员工责任感是第一位的，他们做什么事都任劳任怨，丝毫没有工作量的概念，无论什么时候都只知道埋头苦干。不过，摩羯座大多凭感觉做事，遇到事情处理起来也不够灵活，工作效率并不一定很高。

建议在埋头工作的同时，抬起头来喘口气，整理一下自己的思路，多和团队中的其他成员交流一下。这样会让你的效率成倍地提高。

第5名：狮子座

狮子座是有名的工作狂，他们往往是自愿加班的，因为没有一种感觉能比得上在事业上的成功更令他们开心。他们会为了工作放弃自己的时间，只为了完成手中的一个项目。

要注意的是，对事情不要钻牛角尖，也不要冲得太猛，要学会时常停住几分钟看清前面的路，如果因为用力过猛而掉入坑里就不划算了。另外，也要注意劳逸结合，不要让自己太累了。

第6名：射手座

射手座很清楚工作是永远干不完的，他们会很痛快地答应领导加班的要求，但这并不代表他们会老老实实地坐在座位上加班。只要领导稍不注意，他们就不知道跑到哪里去了，不是跑到厕所偷懒，就是干脆回家休息。

要注意的是，这种躲避加班的方法可以偶尔使用，但如果长期用的话，就会给领导造成你很滑头的印象，倒不如大大方方地直接拒绝。

第7名：双鱼座

双鱼座的员工很热心，也很有团队精神，总是喜欢帮助同事做事情。不过往往等到帮同事做好工作以后才发现，自己的工作还一点没做呢，没办法，只能留下来加班了。

建议你凡事做好计划，有条理地实施。另外要学会说"不"，在你有能力的前提下再去帮人，否则只能是自己受累。

第8名：水瓶座

水瓶座的人可是很不愿意加班的，他们手脚麻利，总会在下班前做完当天的工作，所以他们认为根本没有必要加班。

不过要注意的是，当你完成了工作后不要干扰别人，找别人聊天可是会影响别人工作的。

第9名：双子座

双子座的员工头脑很灵活，不过注意力很差，自控能力也不强。他们每天忙了一圈也搞不清楚重点在哪里。如果让他们加班，可能他们不会拒绝，但也绝不会好好工作，没一会儿工夫就去偷着打网游了。

建议先思考再工作，不要盲目地下手，找到重点全力突破会让你的工作效率更高。

第10名：金牛座

金牛座工作起来勤勤恳恳，但如果让他们加班就一定会跟老板算清加班费、餐补以及回家的打车费。如果想一个子儿不掏让他们加班，那简直就是不可能的事。

要注意的是，凡事不可太急，就算拒绝加班也要婉转，不要总是一副义愤填膺的样子，哪个老板看了也会皱眉。

第11名：天蝎座

天蝎座做事从不拖泥带水，只要老板不是变态地加大工作量，天蝎座总是能在8小时之内保质保量地完成工作。因此他们不会加班，

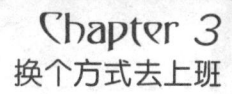

Chapter 3
换个方式去上班

从来是下班时间一到准时打卡走人。

建议个性不要太强硬，不要给老板留下不服管的印象。

第 12 名：巨蟹座

要让巨蟹座加班简直是不可能的事，生性恋家的巨蟹座最讨厌别人打扰他们的私人时间。在他们看来，工作时间内就要认真工作，但超出了 8 小时就完全是自己的私人时间，他们要把这宝贵的时间留给家人。如果谁占据了这部分时间，他们就会感到非常厌烦。

要注意的是，虽然你有权利拒绝加班，但如果真的遇上公司有事情的时候，也要克制一下自己的情绪，和大家一起努力一把。

男人化妆
女人抽烟

别拿"怀才不遇"说事

我有一个朋友是位博士生，但是他很不得志，总是在一个公司做不了多久就辞职了，理由几乎都是同样的一个——怀才不遇。

这个博士朋友总是向我抱怨，认为自己有着博士学历，可是老总却总是批评他，嫌他这个干不好，那个做得不出色。有一次，他皱着眉对我说："我们那个老总简直太愚蠢了，总是说我做得不好，他懂什么，他只不过是个刚毕业的大学生而已！"说着，他又叹了口气说："现在这个世界真是没天理，一个刚从学校毕业的毛头小子就能当老板，我一个博士生却只能任他呼来唤去，他一点也不重视我，就差让我去扫地了。"

我听了笑笑说："这有什么可抱怨的，你没看到现在净是刚出校门的大学生当老总的吗？别净看着别人怎么样，只要做好自己的工作不就得了？"

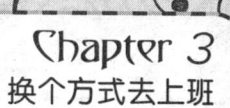

Chapter 3
换个方式去上班

但他还是抱怨说:"那些学生老总什么也不懂,就知道瞎指挥,可惜了我这些学问。"

听他说到这里,我有些明白他为什么在哪个公司都做不长久了,原因就在于他把自己的博士身份看得太重了。

虽说高学历是他进入一家公司的敲门砖,但那也只是一块砖而已,当你敲开了公司的大门,这块"砖"也就该功成身退了。一个公司的老总看重的是员工的能力,看重的是员工能为公司创造多少价值,而不是他的学历如何,一个拥有再高学历的人,如果没有能为公司创造价值,也是不会被看重的。

这种对工作的不正确的态度,导致了那位博士朋友的痛苦。经过了这件事后,我开始有意识地观察身边的其他朋友,发现大凡在事业上感到有压力的人,其中的原因之一就是不能正确地认识自己,总把自己摆在一个很高的位置,但是又做不出什么成绩,久而久之,他们就感到痛苦,感到压抑。

这不禁让我联想到一个很有名的故事,一个得过冠军的篮球运动员,他曾经拥有数百万的美金,但是他很不善于理财,钱很快就被他自己用光了。于是他只能在一个洗车店找了一份报酬很低的工作。

可是有一次他在为顾客擦车的时候,自己的戒指不小心把汽车划出了一个大道子。顾客很生气,找到老板要求赔偿。经过这件事后,老板要求那个运动员在工作的时候要把戒指摘掉,可是运动员不肯摘,因为那枚戒指是他获得冠军时得到的,绝不能摘。看到他这样固执,老板只能把他解雇了。

运动员很不服气,就把这家洗车店告上了法院,说那枚戒指

是他唯一剩下的荣耀，如果把它拿走，他就会崩溃，但法院并不支持他。

这位运动员的痛苦和我那位博士朋友的痛苦如出一辙，这都是因为他们的观念出现了问题，应该将观念反转一下，问一问自己："在这大千世界中，我到底算什么？"

当你仔细思考时，就会发现在这茫茫人海中，我们有如沧海一粟，确实不值一提。这个答案犹如当头棒喝一般，让我们混沌的头脑立时清醒。

是的，博士怎么了，为什么就不能做一个普通的员工？学生怎么了，为什么就不能当老总？

我们的痛苦缘于自视过高，不能够把自己的心态放平，总觉得职场上的一切都是那么的不公平。长此以往，痛苦只能越来越深，只有你的思维方式改变了，生活和工作才能变得与以往不同。

这就如同佛教中一个很出名的故事，有一个人去拜访一个造诣很深的老禅师。他见到老禅师以后，态度十分傲慢，但是老禅师却不以为意，还十分恭敬地接待了他，并亲自为他沏茶。

老禅师一手拎起茶壶向茶杯中缓缓倒去，可是当茶水已经满了老禅师也没有停手，仍然继续倒，一直到茶水溢出杯口，流得满桌子都是。

那个人连忙说："大师，水已经满了，不要再倒了。"

老禅师笑笑说："是啊，杯子里的水已经满了，无法再继续添茶了，你心中的那只杯子也已经满了，又如何听禅呢？"

这个人听了恍然大悟，这才意识到自己太骄傲了，心中放满了太多的东西。

Chapter 3
换个方式去上班

这个很著名的空杯理论被很多企业拿了去当座右铭,其实这个故事也能很好地教我们如何调整自己的心态,如何避免压力与痛苦。

这杯中的水就好比我们对自己的重视,而外界对你的影响就好比正在往里倒的茶,你越重视自己的时候,杯子就越满,那么溢出来的水就越多,这溢出来的水就好比你的痛苦,洒了你满身,你只能一直狼狈地擦拭。

所以,要想让自己在职场中轻松、惬意,不妨试一试以下几点:

给自己解套

无论你是硕士、博士,还是曾经威风八面的领导者,不要把自己的身份记得太牢,那只能让你困在一个小笼子里得不到自由,被束缚的感觉必然痛苦,要学会忘记自己的身份,给自己解套。

接受现在的一切

不管自己现在的境遇如何,首先接受它。哪怕你被一个学历不如你、年龄比你小的人领导,也要接受这个现状,既然他能担任那个职位,必然有道理,不要总想着别人不如你,那样你只会越来越痛苦。

不要抱怨

不要抱怨目前的一切,更不要说"烦死了",当你这样说的时候,既不能解决问题,又让自己的心情坏到极点。试着给自己一些积极的心理暗示,这样才会觉得工作充满乐趣。

做出成绩

不管事实有多么的不公平,都不要管它,先做好自己的工作,努力做出成绩才能得到赏识。一个没有为企业创造出价值的人,

男人化妆
女人抽烟

在哪里都不会受欢迎。

　　以上这些可以为感到职场压力的某一部分人减压，不要总觉得自己有多了不起，也不要总对领导或同事存有微词，要想让自己在轻松、愉快的心境中工作，不妨换一种思维方式，改一改固有的观念，让心情放飞在湛蓝的天空中。

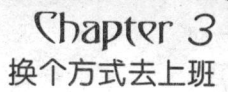

★心理小测试——职场压力大解析

在职场中,你会因为自视过高而受人排挤吗?你到底是自信还是自大呢?你应该如何化解种种压力呢?一起来做下面的测试,将分数相加就会有结果。

1. 你会坚持有始有终地做完一件事吗?即使没人认同也不会放弃吗?
A:是的(1分)　　B:不是(0分)

2. 你去参加一个很隆重的聚会,期间你忽然很想上洗手间,但又不好意思,你会忍到聚会结束吗?
A:忍着吧(0分)　　B:不能忍,想去就去呗(1分)

3. 你很想买一件性感内衣,但又不好意思亲自到柜台买,你会选择在网上购买吗?
A:是的(0分)　　B:不是(1分)

4. 你觉得自己是个很称职的情人吗?
A:是(1分)　　B:不是(0分)

5. 你去一家商店消费,服务员的态度很不好,你会向他的经理投诉吗?
A:会(1分)　　B:算了,多一事不如少一事(0分)

6. 你总是喜欢欣赏自己的照片。

A：是的，我经常对着照片看（1分）

B：不，我才不看呢（0分）

7. 当你受到别人的批评，会觉得很伤心吗？

A：当然伤心（0分）

B：他们批评得都不对，我才不理他们（1分）

8. 你很少对别人坦白自己的真正意见。

A：是的，我不好意思说（0分）

B：我喜欢有什么就说什么（1分）

9. 当别人称赞你时，你总是怀疑他是不是真心夸你的。

A：是的（0分）　　B：不是，我确实值得夸（1分）

10. 你觉得自己比别人差吗？

A：是的，我是比别人差一些（0分）

B：怎么可能呢？我怎么会差（1分）

11. 你认为自己漂亮/帅气吗？

A：当然漂亮/帅气（1分）

B：不，我觉得自己长得不怎么好看（0分）

12. 你觉得自己的能力比别人都强。

A：当然了，我就是强（1分）

B：不，我很普通，别人比我强（0分）

13. 你去参加一个聚会，到了会场才发现别人都穿得非常正式，

Chapter 3
换个方式去上班

只有你自己穿得非常随便，你会觉得不自然吗？
  A：很不自然（0分） B：不会啊，我怎么穿怎么好（1分）

14. 你觉得自己受欢迎吗？
  A：我走到哪都受欢迎（1分） B：我不太受欢迎（0分）

15. 你觉得自己是个很有魅力的人吗？
  A：那当然（1分） B：不，我很普通（0分）

16. 你是个很有幽默感的人吗？
  A：是的（1分） B：不是（0分）

17. 你目前的工作很得心应手吗？
  A：是的（1分） B：不是（0分）

18. 你很会搭配服装吗？
  A：当然，我是时尚达人 B：不是，我不太会（0分）

19. 在很危急的时刻，你很冷静吗？
  A：是的，我很冷静（1分） B：不，我会很慌乱（0分）

20. 你能很好地与别人合作吗？
  A：是的，我能（1分）
  B：不，我不太习惯与别人合作（0分）

21. 你觉得自己只是个普通人吗？

A：是的，我很普通（0分）　　B：不，我比别人强（1分）

22. 你希望自己长得像你喜欢的某个人吗？
A：是的，我要是能长成那样就好了（0分）
B：我为什么要长得像别人，不要（1分）

23. 你会常常羡慕别人取得的成就吗？
A：是的，我会（0分）　　B：不，我不会（1分）

24. 你会为了喜欢的人而放弃自己很想要做的事情吗？
A：会，我会为了喜欢的人放弃任何事情（0分）
B：不，不管为了谁我也不会放弃自己喜欢的事情（1分）

25. 你会为了讨心爱的人喜欢而特意打扮自己吗？
A：我会的（0分）　　B：我才不会呢，自然就好（1分）

26. 你会勉强自己做很多不想做的事情吗？
A：会的（0分）　　B：不会（1分）

27. 你会让别人来支配你的生活吗？
A：会的（0分）　　B：不会，我的生活我自己做主（1分）

28. 你是一个优点比缺点多的人吗？
A：是的（0分）　　B：不是（1分）

29. 如果一件事不是你的错，你也会跟别人说对不起吗？
A：是的，我会说（0分）

B：不会，又不是我的错，为什么要说（1分）

30. 你伤了别人的心，但你不是故意的，你会难过吗？
A：即使不是故意的，我也还是很难过（0分）
B：我又不是故意的，为什么要难过（1分）

31. 你想具备更多的天赋吗？
A：当然想（0分）　　　B：不想了，我现在这样就挺好的（1分）

32. 你能听得进别人的意见吗？
A：能（0分）　　　B：不能（1分）

33. 参加聚会的时候，你总是等着别人先跟你打招呼吗？
A：是的（0分）　　　B：不是（1分）

34. 你喜欢照镜子吗？每天至少三次。
A：我照得不只三次（1分）　　　B：不，我很少照镜子（0分）

35. 你的个性很强吗？
A：是的，很强（1分）　　　B：不是（0分）

36. 你是一个优秀的领导吗？
A：当然是（1分）　　　B：不是（0分）

37. 你的记性很好吗？
A：是的，很好（1分）　　　B：不太好（0分）

38. 你对异性十分有吸引力吗?
A. 我是万人迷（1分） B. 我没有什么吸引力（0分）

39. 你是个会理财的人吗?
A. 我会（1分）   B. 我对金钱没什么概念（0分）

40. 在买衣服的时候,你总会询问别人的意见吗?
A. 会,我怕自己的眼光不准（0分）
B. 不会,我很有审美观,不会买错（1分）

测试结果:

11分以下:
你的压力来自于你的自卑。你看上去是一个很谦虚的人,但这只是你没有自信的表现,你总觉得别人哪里都是优点,都值得你学习,而自己哪里都是缺点,都是不足。这已经超过了虚心的底线,变成了极度没有自信。这样的你会觉得自己什么也做不好,压力很大。

建议你学会看重自己,在认识自己不足的同时也要认清自己的优点,并强化这些优点,只有这样,你才能全力以赴地去做一件事情,也才有可能把它做好。当你成功地完成一件工作后,你就会信心大增,失落的感觉也会减少。

12分~24分:
你是一个比较有自信的人,清楚地知道自己的优势在哪里,无论做什么事都成竹在胸。不过你天生缺乏安全感,做事时总是很小心,生怕出了什么差错,也正因为如此,你常常感到巨大的压力,压力越大越怕工作做不好,越怕做不好压力就越大,这已经成了一种恶性循

Chapter 3
换个方式去上班

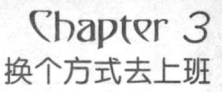

环,让你不能轻松地放手去工作。可以说,你的压力完全来源于你自己。

建议你试着放松自己的心情,要坚信自己的优点,紧张的时刻不妨做个深呼吸,能有效地让自己平静下来。要知道,虽然别人可能在某一点上比你强,但你在某一点上也很有优势,只要你多相信自己一些,就没有人能打败你。

25分~40分:

你的压力来自于你的人缘太差。虽然大家表面上都不会对你有什么不友好的举动,但心里多多少少都对你有些微词,因为你太狂傲了,一点也不把别人放在眼里。你也许并没有什么恶意,但由于过于自信,让人产生自大的感觉,对你也保持着一定的距离。这样的人际关系给你带来了压力,让你难以融入团队中,不能很好地与同事协作,无论你做什么事都感到束手束脚。

建议你多发现别人的优点,多向别人学习,不要总在同事和领导面前表现出一副不可一世的样子,拥有亲和力能够让你的工作开展得更加顺利。如果你处在领导岗位上的话,不妨走进你的下属中,多听听他们的意见,不要打断他们的谈话,你会发现这真是一支很有力量的团队。

男人化妆
女人抽烟

讨好上司不如忠于自己

　　如果在网上的职场板块中随便浏览,就会发现有很多类似"如何讨好上司"、"N 招搏得老板欢心"的贴子,看来有很多人都深好此术。
　　讨好上司似乎成了职场中生存的法则,但实际上,这种方式会让人感到烦躁与抑郁。
　　胡先生是一家公司的业务员,他把讨好上司定为自己的奋斗目标。他认为,和上司搞好关系是职场成功重要的一环,如果不能讨得上司的欢心,哪怕工作再出色也不会被提拔,甚至还有被炒鱿鱼的危险。
　　其实胡先生刚刚步入职场时并不是这样的,他很踏实地做着手里的每一份工作,根本就没想过要讨好上司,只是后来他发现,不管他怎么努力,也无法赶上同事小梅。

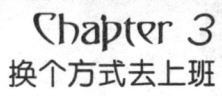

Chapter 3
换个方式去上班

小梅是个很年轻的女孩子，凭心而论，她的能力远不如胡先生，但是老板非常器重小梅，不仅总是夸奖她，而且才过了半年，就把小梅从一个普通的员工升为了部门的小主管。

胡先生对此很是不服气，他和小梅前后脚进公司，他出的成绩也比小梅多，可是为什么她就能升为部门主管？

胡先生一开始很不明白，还是一个老同事点拨了他："你别整天就知道埋头干活，你得会看老板脸色。你看人家小梅，要说工作她可真比不上你，但就是嘴甜，会来事。"

胡先生这才恍然大悟，原来在职场中光有实力还是不够的，还要懂得讨好上司。从那以后，胡先生开始有意识地和老板搞好关系，出去吃饭围着老板忙前忙后，又是端茶又是倒水；在办公室的时候，他跟老板说话每一句都像裹了蜜糖一样，说得老板心花怒放；晚上下班了，他还经常陪老板去吃饭或者打牌。反正只要老板有需要，他就会陪着。

经过胡先生的"努力"，他果然得到了老板的赏识。老板对他很器重，把一些重要的工作都交给他做，而且去外面应酬也总带着他。

不过，虽然胡先生的事业看似正在蓬勃发展，但他却并不开心。他的不开心来源于三个方面。第一，是他的人缘变差了。以前胡先生在办公室里是个很受大家欢迎的人，同事们总是和他聊天，说一些心里话。可是现在大家却很少跟他说话了，更很少像以前一样开玩笑。因为在同事们看来，胡先生是老板的心腹，不能再像以前一样和他口无遮拦地说话了，而且大家也不是很喜欢刻意巴结老板的人。

对此，胡先生有些不适应，他觉得自己有些被孤立，和同事们相处也不再像以前那样融洽了。

第二，胡先生的女朋友对此颇为不满。

胡先生的老板很喜欢打牌，总喜欢叫胡先生作陪，因为只要有胡先生在，老板就总会"赢"。陪老板打牌的时间多了，陪女朋友的时间自然就少了，因此女朋友很不满意，她不明白为什么胡先生宁愿陪着老板也不愿意陪自己。

有一次，胡先生约了女朋友看电影，可是老板突然打电话说三缺一，叫胡先生赶紧过去。胡先生只得很抱歉地让女朋友一个人看。女朋友很生气，不肯让胡先生走，但是胡先生还是走了。

在胡先生没有去讨好老板以前，他和女朋友的感情非常好，几乎没有吵过架，可是现在他们之间经常爆发战争，大吵小吵不断，最后女朋友一气之下提出了分手。

胡先生很痛苦，他怨女朋友不理解自己，在他看来，自己所做的一切都是为了在工作上取得成就，以便将来能给女朋友更好的生活保障。而在女朋友看来，胡先生简直已经走火入魔不可救药了。

第三，胡先生的痛苦来自于自己。

目前他的工作确实很有起色，无论是职位还是薪水都呈上升的趋势，但他却越来越感到不快乐了。本来他认为工作有了成就就会有满足感、成就感和幸福感，但这些感觉一样都没有，相反他感到茫然，看不清方向，不知道下一步该做什么；诚惶诚恐，生怕哪一件事没做对、哪一句话没说对而让老板反感；忧郁沉闷，身累心也累，一颗心总是在老板身上打转，不知道什么时候才能

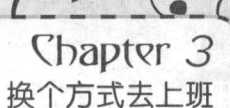

Chapter 3
换个方式去上班

松一口气。这些压力让他感到了前所未有的痛苦,他的生活中似乎就只剩下了讨好和虚伪的笑容。

其实胡先生很清楚自己痛苦的根源在哪,但是他不愿意改变,他觉得如果不再去讨好老板,那么不仅他以前所做的努力都白费了,而且以后的饭碗也很难保住。他就只能不断地讨好老板,然后不断地失去更多。

胡先生的烦恼不只发生在他身上,也发生在很多人身上,也许正在看此书的你也有此感受,想讨好老板进而升职加薪是人之常情,大多数人多多少少会有这样的想法和作为,区别只是有些人陷得深些,有些人陷得浅些。

当我们把"讨好老板"四个字像推多米诺一样推倒时,前面便产生了一片光明和快乐,再也不用背负着沉重的负担。如果你还像胡先生一样陷在烦恼中,那么不妨转变一下思维,让自己用另一种方式去面对上司,你会变得轻松很多。

看到这时,有些人还心存顾虑,认为不讨好上司就会失掉很多机会,会不会对前途有影响。

这样的顾虑完全可以打消,因为不去讨好上司,并不是意味着要和上司把关系搞僵,而是要既和他保持融洽的关系,又让自己活得轻松。那么,如何能又不刻意讨好上司,又能和他保持良好的关系呢?这就要把握好几大要点:

可以提出意见,但不要当面顶撞

上司不可能不出现错误,当他有错误的决定,而这个决定会对公司有影响时,不要假装看不见,应该提出来,以免造成不良的后果。但不要当面顶撞上司,可以在私下婉转地提出。如果你

觉得当面不好意思开口，还可以利用短信、电话、电邮等方式提出。

理解上司的难处，但不要刻意奉承

每个人都有自己的难处，上司也不例外，他令下属感到不满意的举动很有可能不是他愿意的。对于上司的难处要给予理解，不要咄咄逼人，但也没必要刻意说一些好听的话去奉承。

学会说"不"，但不要当众说"不"

每个人都应该学会如何拒绝，如果不懂得这一点就无法在职场中轻松自如。对于老板提出的一些让你为难或是过分的要求，要懂得说"不"，不过最好不要当着其他人的面，找个私下的时间与老板表明你的意见即可。

要承担责任，但不要吹牛

下属有责任心是上司乐于看到的，上司布置下来的任务要尽心尽力地做好，把责任放在第一位，但注意不要吹牛，当上司发现你包揽了工作却又做不出成绩时，对你的印象可是会大打折扣的。

另外，当工作中出现错误时也要勇于承担，不要觉得承担了错误就会让上司对自己有不良的印象，一个敢担当的人谁都会对他产生好感的。

可以真心赞美，但不要溜须拍马

当上司做的某一件事让你感到赞叹，或是他的某一个优点让你佩服，你可以不吝啬赞美之辞，真心地赞美他，但不要没事总去拍马屁，这不但会让同事感到肉麻，就连上司也会反感。

总而言之，在对待上司的问题上，只要搞好关系即可，不要刻意讨好，不卑不亢才是职场的必胜原则。

Chapter 3
换个方式去上班

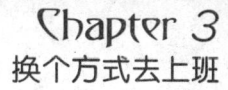

★心理小测试——你是个会讨好上司的人吗？

你因为要赚生活费，所以去一家公司打工。在面试的时候，老板问你"为什么要到这里来应聘"，你会如何回答呢？

A. 贵公司实在太棒了，如果能在这里工作就太好了

B. 我相信自己能让贵公司做得更大

C. 实话实说：我要赚钱，所以来打工

选A：贵公司实在太棒了，如果能在这里工作就太好了

你很懂得说话的技巧，说出来的话常常让别人很高兴，总是看似无意地和上司说一些话，虽然听不出刻意的奉承但却让上司非常受用。这样的你不会招人反感，和上司、同事都能搞好关系，可算是处世圆滑。

选B：我相信自己能让贵公司做得更大

你是一个非常会拍上司马屁的人，不论何时何地，你都能对上司毕恭毕敬。但是，你是一个过于自信的人，你的自信心表现得很强烈，就算离你三尺远也能感觉得到，这种强烈的自信令你恭维的话显得有些言不由衷，会令人感觉到在你的心中只有你自己。你这样讨好上司很容易被识破，小心得不偿失。建议你不要刻意奉承，保持一颗自然的心态最好。

选C：实话实说：我要赚钱，所以来打工

你是一个直肠子的人，有什么说什么，喜欢直来直去，不喜欢说好听的话。不管是对上司还是对同事，你从来不说虚伪的话，总觉得只要自己把事都做好了就可以了，能力比什么都重要。诚然，能力是主要的，但也要懂得和上司把关系搞好。不用特意说好话，只要婉转地表达你的想法就可以。这样的你会赢得周围人的好感，感到你是一个诚实可信的人。

Chapter 4
先爱自己，再爱别人

"执子之手，与子偕老"、"海枯石烂，两情不渝"
诸如此类的词汇都是用来形容从一而终的爱情，
这代表了一种贞洁，
无论是精神上还是肉体上的。
由于传统观念带给人们的影响，
中国人对爱情和婚姻一直本着从一而终这个念头，
但随着社会结构的变动和人们思想的开化，
许多传统的观念已经远远落后于这个时代，
并且让人强烈地感到它所带来的束缚，
不知不觉间，
更新的婚恋观念已经浮出水面……

先爱自己，再爱别人

Chapter 4
先爱自己，再爱别人

只要我愿意，女追男有什么不可以

从司马相如的一曲《凤求凰》开始，男人追求女人就仿佛成了天经地义之事，可如果说到女人追求男人，虽有"女追男隔层纱"之说，也没有多少女人有如此勇气和决心。但在21世纪的今天，女追男已经成了追求爱情的重要方式，只要自己喜欢，有什么不可以！

Cheryl是一家公司的业务代表，在工作中，她结识了一个客户，随着接触的增多，她对他的好感也越来越多，只是不知道他对自己有没有意思。

Cheryl盼着对方也能喜欢自己，并向自己表白，可是等了几个月，对方还是没有反应。她觉得对方还是对自己有好感的，只是没有开口而已，这可怎么办呢？难道就这样一直等下去？想来想去，Cheryl觉得与其守株待兔不如主动出击，于是决定追求他。

**男人化妆
女人抽烟**

一次 Cheryl 约对方谈些合作事宜，他临时有事延迟了，正好到了晚饭时间。他很抱歉，表示要请 Cheryl 吃饭。这可是他第一次约 Cheryl 吃饭，她的心怦怦直跳，刚想答应，但又想了想没有马上回答，而是说"请等一下，我发个短信，本来约了朋友一起吃晚饭的，现在只能推了他了"，然后她假装拿着手机发短信。

就这样，Cheryl 和他不仅一起共进晚餐，还相谈甚欢。第二次，Cheryl 有了借口回请他，如此一来，两个人自然而然地就有了更多的接触，爱情的火花也由此产生。

Cheryl 的追求非常巧妙，她在对方邀请自己吃饭时表现出适当的矜持，并假装推掉好友的饭局，这一方面是暗示对方请自己吃饭的人很多，表示自己很受人欢迎，另一方面是暗示他自己很重视他。

女追男不仅需要勇气，更要加上一些小小的手段和技巧，下面就来细细盘点一下女追男的必杀技！

"示弱"

这一招是最常见也是最有效的方法。比如，当你和心仪的对象一道结伴同游时，你可以假装不小心扭到脚，这肯定会引起他的注意，再加之你楚楚可怜的神态，必定会惹他心生怜爱。

注意：忌太过矫揉造作，反而会给他"这个女孩儿太假"的感觉。

让他当你的保护神

男人有保护弱者的天性，尤其看到一个女孩子面有怯意时，更能激起他们心底的保护欲。女孩子可以利用这一点与他拉近距离，比如晚上同行时，碰到没有路灯的小道，可以害怕地说："太

Chapter 4
先爱自己，再爱别人

黑了，我一个人害怕，可不可以陪我走过去？"他必不会拒绝，而你们的感情也在这一路上有了悄然的变化。

注意：不要总是表现出害怕的样子，要适可而止，要知道男人虽然喜欢保护女人，但有时也希望寻求对方的安慰。

小天使也有恶作剧

女孩们大多希望自己如天使般美丽、纯洁，可有时也不妨来点小小的恶作剧。一味的温顺柔美不一定有特色，尤其当你相貌平平时，更要加深你在他心中的印象。一些小恶作剧可以显得你与众不同，令你在百花丛中脱颖而出。

关于恶作剧的方法可以和男生借鉴，就如同小学里的男生，总喜欢欺负自己喜欢的女生，越喜欢她，就越想把她惹急甚至惹哭。

注意：恶作剧不要过火，要把握好分寸，开善意的玩笑，只在非原则问题上打打闹闹，绝不能伤及他的自尊和他的利益。

发展"线人"

如果你常看警匪剧，对"线人"一词肯定不陌生。虽然我们不能把男人当成匪类相待，不过却可以发展一些线人，让他们帮你成事。比如，和他的同事、好友打好关系，多了解他的喜好和动向，才好投其所好。也可以请线人相助，组织一些聚会，或打球，或去 KTV，多为你们制造一些相处的机会。

注意：不要让他感觉到自己被监视，否则会令他厌烦。

学会手足无措

当你们有机会相处时，可目不转睛地盯着他的一举一动，当他发现你在注视他时，你可马上转过脸，把目光迅速移开，表现出害着的样子，手脚都不知往哪里放。这样做一方面可以引起他

的注意，另一方面也是在向他暗示你喜欢他。

注意：当他发现你在看他的时候，不要久久沉默不语，否则会令场面陷入尴尬的境地，要想办法说话，令气氛缓和。

注意观察，适时关心

无论男人女人，都渴望得到别人的关心，如果你真的喜欢他，关心是必然的。在一些小事上对他嘘寒问暖，最容易让他心怀感动。如果发现他疲惫没有精神，可以适时地问："怎么了？是休息得不好还是生病了？"如果他真的生病了，可以为他买些药品送上，人在生病的时候是最容易被感动的。

注意：要多观察他的举动，了解他的喜好，才能让关心恰到好处。

小小卡片传情达意

如果你不好意思直接表达，那么就寄张卡片给他，无论是明信片还是生日（节日）祝福卡，都是不错的选择。

也许你会说："难不成还要寄卡片？这都什么年代了，也太老土了吧？"其实不然。这是非常有效的方式之一，既不张扬又很温馨，让他感到你的心意，也让他能时时看到你送来的礼物。

注意：寄卡片最好有固定的日期，比如每个月底寄一张，这会给他形成心理暗示，在还没到月底的时候就不知不觉地期待卡片的到来，当他开始期待时，你已经成功了一半。

以上只是选取了具有普遍性的方法，究竟哪一条适合你，或者还有哪些其他的方法，就要具体问题具体分析了，只要你有勇气和耐心，就一定会收获属于自己的爱情。

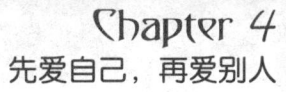

Chapter 4
先爱自己，再爱别人

★ 心理小测试——测测你的主动性

炎炎夏日到了，你到海滨去度假，在房间中有一扇能看见海景的窗户，服务小姐拿来几种颜色的窗帘让你挑选，你会为这扇窗挑选什么颜色的窗帘？

A. 红色
B. 蓝色
C. 黄色
D. 白色

选A：红色
你是个百分之百的直肠子，一遇到自己喜欢的人就会抓紧时机表白。你做事情最讨厌前怕狼后怕虎，就算不清楚对方的想法，也会向他表白。你认为人生就要自己创造机会，天上不会白白掉下馅饼。这样的你会比其他人多很多机会，做事的成功率也很大，但要注意的是，要避免太过强硬，否则会吓坏对方，那就得不偿失了。

选B：蓝色
你不会急于表现自己，而是会花一些心思，用婉转的方式显示自己，比如借助一些事物或周围的环境来表现自己，展示自己的个性。当你喜欢上一个人的时候，不会直接表达，而是多找一些机会和他接触，谈一些你们共同喜爱的话题，把自己慢慢地渗透到他的生活中，当他已经习惯了你的存在时，就是你赢得他好感的时候。

选C：黄色

男人化妆
女人抽烟

你是一个天真率直的人,最不喜欢说话绕弯子,你与别人交往总是真心实意,想到什么就说什么。如果你喜欢一个人就会直接告诉他,但是如果得不到他明确的回应,你就会放弃。缺少决心与耐心是你的弱点,因此要学会凡事再向前走一步。

选D:白色

你个性温和,待人亲切,有极好的人缘,无论是异性还是同性都喜欢和你相处。但这样的性格使你有些软弱,遇事缺少主见,即使喜欢对方也只会在一旁默默地等候,如果让你主动追求别人恐怕比登天还要难。如果你渴求一份爱情降临在你头上,就需要变得积极一些了,拿出些实际行动,远比守株待兔要强得多。

Chapter 4
先爱自己，再爱别人

完美不流行，有缺点才可爱

　　爱情是甜美的，它在很多人的想象中应该如白玉一般无瑕，如钻石一般恒久，如童话一般完美。但在爱情中的两个人永远也不可能是完美的，越要求完美，烦恼就越多。要想拥有一份更加甜蜜的爱情，就要接受小小的缺陷，学会不苛求对方，越是能极早地做到这一点，就越能收获你的爱情。

　　曾经有这样一个故事：有一个完美主义者的男人，他一直在寻找一个完美的女人做他的妻子。但很多年过去了，他一直都没有找到这样一个女人，不是这个有点毛病，就是那个有些缺点，总是不能让他满意。

　　几十年一转眼就过去了，这个男人已经七十多岁了，仍然没有找到自己的另一半。有人问他："你已经找了几十年了，难道就连一个完美的女人也没遇到吗？"

男人化妆
女人抽烟

　　这个男人很伤心地说："我曾经遇到过一个女人，她真的很完美。"

　　那个人奇怪道："那你为什么没有追她，和她结婚呢？"

　　那个男人遗憾地说："没办法，她也正在寻找一个完美的男人。"

　　这个故事让人听了啼笑皆非，故事中的男女主人公都在寻找完美的另一半，但左挑右选也没有找到合适的，不是对方不够完美，就是自己不够完美。

　　所以他一直是痛苦的，完全没有享受到人生的这份美好。

　　仔细分析原因，只因为他们追求的是一种结果——完美的恋人，而忽视了过程——彼此相处的感觉。他们渴望自己唾手而得到一件已经塑造成型的艺术品，而不愿意接受一个尚未成熟的真实的人。

　　当你有这样的想法时，代表了你只想索取，而从未想过付出。爱情和所有东西一样，并不能坐享其成，如果只是挑挑拣拣、仅知索取，又怎么能收获属于自己的爱情果实？恐怕终此一生只能在寻找与失望中度过。

　　再往深层次挖掘，当你寻找完美时，其实你并不爱他/她，因为爱是先有了主体才能产生，而当你先在脑海中勾勒出一个虚幻的假象时，你只是被这个假象所迷惑，根本谈不上爱。

　　也许你会说："我追求完美有什么错？那是一种生活的动力，对美好事物的向往。"

　　诚然，追求完美本身并没有什么过错，如果用在工作上的确是一种动力，但我们要说的是在爱情中不要追求完美。因为爱情

Chapter 4
先爱自己，再爱别人

的主体是人，而人是千姿百态各不相同的，既没有标准可言，也对对方很不公平，更难以处理好与对方的关系，这样的恋情大多以失败告终。

在爱情中过度追求完美是一种病态心理，你可能自己感受不到，但它会切实地影响你对爱情的判断。

因此，如果你也正在为爱情苦恼，不妨反思一下，自己是不是太追求完美了？爱情中的完美主义是我们痛苦的原因之一，这种对待爱情的方式大可转变一下。

爱情不应该追求完美，它要的是一种愉快的心情。而且，世界上没有绝对的完美，也没有绝对的缺陷，如果过于追求完美，实际上是扼杀了爱情，堵死了通往婚姻的那扇门。

如何才能克制自己，让自己不要过分地追求完美呢？

不要在心里勾勒假象

不要事先在心里想象一个完美的对象，然后按照这个标准去寻找。当你找不到这样的对象后就会非常失落与急躁。要学会爱你已经接触到的人，要知道，你爱他/她并不是因为他/她达到了你的要求，而是因为他/她本身。

多想如何付出，少想如何索取

我们常常奢望对方能够是一个什么样子，能够达到什么程度，但却很少想自己是什么样子，这是一种只知索取不知付出的想法。在爱情中，我们应该多去关心对方，体谅对方，站在对方的角度上思考，只有这样才能获得真正的爱情。

不要用自己的标准去衡量对方

有些人很喜欢在心中放一把尺子，用自己的标准去衡量对方。

这样一来，不仅你自己痛苦，对方也会跟着你痛苦。这样的爱情真是乏味。

只看对方美的地方

每个人都有优点，应该学着欣赏对方美好的地方，不要总想着他/她要是再好一点就好了。当你只去看对方的美好时，那你的眼中就只剩下美好，装不下其他了。

在爱情中，我们应该尝试着做一个懂得付出、懂得包容、懂得爱与被爱的人，只有那样才能获得真正的爱情。

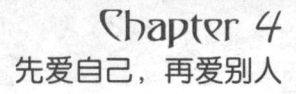

Chapter 4
先爱自己，再爱别人

★ 心理小测试——你对他/她的要求高吗？

你对另一半的要求高吗？你会不会对他/她有过高的要求而不自知，却已经让他/她感到难以忍受了呢？一起做完下面的测试就会有结果。

你在街上散步，漫无目的地逛着街边的小店，你想买些什么东西，好让自己不至于两手空空地回家。你会买些什么呢？

A：去西饼店买好吃又好看的蛋糕和面包
B：在小摊上买些芬芳诱人的水果
C：去书店买一本喜欢看的书
D：去服装店买漂亮的衣服

选A：去西饼店买好吃又好看的蛋糕和面包
你希望自己的另一半是非常优秀的，对他/她的要求很高。你认为另一半的优秀会让你享受一番甜蜜的爱情，也会让你在好友面前特别有面子。不过你虽然要求对方完美，却对自己的要求并不那么严格，你不会为了对方的喜好刻意改变自己，声称不会因为爱而失去自我。这样的你未免有些自私，一面要求别人完美，一面自己又不够完美。过于计较的你会让对方觉得你没有诚意，因而不愿意与你长久相处下去。要注意端正自己的心态，多为对方付出一些。

选B：在小摊上买些芬芳诱人的水果
你对爱情很执著，也把爱情想得太美好，一旦你发现你的另一半没有你想象中那么好，就会大失所望。可是，对爱情天生执著的你又

男人化妆
女人抽烟

不愿意放手，总希望对方按照自己的想象去变化。于是，在不知不觉中，你对另一半的要求越来越苛刻，一旦他/她达不到你的要求，你就会横挑鼻子竖挑眼，希望他/她能够变成你喜欢的样子。这是非常伤感情的做法，总有一天他/她会无法忍受。

选C：去书店买一本喜欢看的书

在你眼中爱情必须是完美的，对方如果不是魅力十足是很难入你的法眼。你希望他/她要有英俊/美丽的外表、与众不同的气质、自己的事业和对生活的品位。你希望当你和他/她走在一起时会吸引所有人艳羡的眼光，成为众所瞩目的焦点。这种想法实在是好，不过能达到你标准的人可不多。太多的挑剔会浪费你的大好时光和精力，说不定等你到白发苍苍的时候还没有找到你的意中人，不如降低一些要求，现实一点为好。

选D：去服装店买漂亮的衣服

你对待爱情虽然不是很追求完美，但经常游移不定，今天觉得这个人不错，明天又觉得那个人很好。你不清楚自己要什么，所以总是在选择。一旦爱起来就热情高涨，可没过几天又发现对方不是很完美，于是又调转枪口寻找下一个目标。你绝对属于随心所欲由着自己性子来的那种，这样的脾气很容易让人认为你是一个花心的人。建议先安静下来，不要急着出击，先弄明白自己想要什么，然后再去选择另一半，这样才会得到你心目中的爱情。

Chapter 4
先爱自己，再爱别人

精彩的单身胜过肤浅的爱情

在我们当中有这样一些人：他们早就过了应该成家的年龄，但他们依然孑然一人，独自行走于这个城市。他们有自己的喜怒哀乐，有自己的处世方式，也毅然决然地选择延续这种生活。我们通常称这些人为"单身"或"光棍"。

当越来越多的人选择单身时，并不意味着寂寞从此开始。相反，单身生活远超一场爱情盛宴。

在传统的观念里，男大当婚，女大当嫁，大龄而没有成婚的男女总被认为是有些问题，更会被父母逼着相亲，然后凑合成婚。但现在越来越多的人拒绝了这样的生活，他们更加看重精神生活，抱着宁缺勿滥的思想，宁可单身，也绝不勉强谈场恋爱，他们已将单身变成一种时尚。

虽说是时尚，但单身的潮流却并不是今天才开始。早在古代，单身已经被奉为佳话。北宋年间，诗人林逋出身书香门第，早年曾游历于江淮等地，后隐居于杭州西湖孤山之下，由于常年足不出户，以植梅养鹤为乐，又因传说他终生未娶，故有"梅妻鹤子"佳话的流传。直到今天，很多人都知道"梅妻鹤子"的故事，而他的诗"疏影横斜水清浅，暗香浮动月黄昏"也永远被我们记住，而这一切无不得益于他精彩的单身生活。

为什么我们当中的一部分人不能让单身生活过得如此精彩呢？原因大致有以下几点：

总喜欢为自己的年龄倒计时

总有一些人喜欢这样说："我还有几个20岁、30岁呢？"或者，"再过一年就奔三张儿了，还独自一个可怎么办啊？"

其实大可不必说这些消极话，要知道，我们的人生还很长，就算过了而立之年才遇到真命天子，也还有几十年可以与之相对、相守，这又怎么能算迟呢？

因此，千万不要再存有消极的思想，只有保持良好的心态，才能让自己由内而外地年轻。

单身令人怕

有些人最害怕承认自己单身，仿佛单身是一件很没面子的事。他们总是会制造有很多人追求的假象，宣称自己有人追、有人爱。可这样一来，会令很多有心人望而却步，不敢再跟你有进一步的接触。因此，如果想要获得快乐，就算单身也要大胆承认。

总是守株待兔

虽说缘份是靠等待的，但也不能总是守株待兔。尽管你不能左右缘分，但总是可以制造些机会的。如果总是以静制动，再好

Chapter 4
先爱自己，再爱别人

的缘分恐怕也会错过。

常找"挡箭牌"

单身的人总喜欢给自己找个"挡箭牌"，仿佛这样才能不触痛自己的内心，他们总喜欢把自己伪装成工作狂，以工作忙为借口把自己屏蔽在异性之外。这是最要不得的方法，因为每当你有闲暇时，寂寞就会排山倒海般袭来，而且会一次胜过一次，最终使你难以承受。

那么，如何才能让单身生活胜过一场爱情盛宴呢？在此给出几条箴言：

无论曾经多受伤害，也要学会去爱下一次。

如果你爱的人不爱你，请不要纠缠，果断走开，感受并享受生活。

如果感到痛苦就忍耐一下，不要随便找个人安慰，宁缺勿滥是原则。

无论多么彷徨孤独，也要先弄清自己到底要的是什么。

永远不要让单身生活变得乏味，哪怕没有恋人，也要拥有一个红颜（蓝颜）知己。

不要把眼光总放在两性关系上，生活中有更多的乐趣等你去挖掘，闲暇时爬爬山、游游泳，结识不同志趣的朋友，让生活变得丰富多彩。

单身是生命中奇妙的一段旅程，每个人都很可能走过这一段路，谁也不知道什么时候能碰到一个志趣相投的异性和你走下去。如果你暂时一个人，那么不妨利用这段闲暇过一段自由、惬意的生活。只要有一颗热爱生活的心，一样可以让自己的光棍生活别有一番滋味。

男人化妆
女人抽烟

★心理小测试——你潜意识里为什么害怕单身

孤独、寂寞的感受让我们对单身心存恐惧，既害怕自己寂寞终老，又害怕自己成为剩男剩女，所以或是为自己筑起厚厚的围墙，或是大张旗鼓地寻找另一半，殊不知这样的做法反而令我们的单身身份更加牢固。到底我们为什么害怕单身生活呢，做了下面的测试，你就会发现你心底的潜意识有可能连你自己都没有察觉，这对你早日结束单身生活有所帮助。

你觉得在单身的时候最大的不便是以下哪个？
A：无法在家里安逸地待着享受二人世界
B：常常要一个人参加朋友聚会，或是独自去看电影、吃饭等
C：经常会被亲人逼着参加相亲活动
D：无法满足感情和肉体的双重需求

选A：无法在家里安逸地待着享受二人世界
你是一个生活在别人眼光中的人，非常在意别人的想法，你总是竖起耳朵听着别人的谈话，捕捉里面每一个关于你的信息。当别人对你有所赞扬的时候，你感到十分骄傲，但这种时候并不会常见，所以你总是十分注意自己的衣着和言行举止，既怕别人没有赞美你，更怕别人会发现你的不完美，久而久之你就会有点神经质和强迫症的症状，这让你活得十分辛苦。建议改变这样的心态，以自然的心态生活和工作，你会散发着不一样的魅力，反而使自己在众人眼中变得出色，这离你结束单身生活也为时不远了。

选B：常常要一个人参加朋友聚会，或是独自去看电影、吃饭等

Chapter 4
先爱自己，再爱别人

你有些自恋倾向，常常欣赏自己的表现，也力求把自己打造得更加完美，出风头是你最爱做的事情。在别人眼里，你虽是群体里的活跃分子，但有时也未免太爱表现，有哗众取宠之嫌，要小心变成别人的笑柄。多多收敛一些，注意发现别人的优点，你会变得内敛而有深度，这样的你会更加吸引异性。

选C：经常会被亲人逼着参加相亲活动

虽然你表面上看起来大大咧咧，但骨子里有些自卑，不喜欢被人注意，恨不得将自己变成变色龙，隐藏在周围的环境里。一旦你发现有人注意你，就会变得很不自在，连笑容都变得不自然起来，恨不得迅速消失。这样的你面对人群尤其是异性时，会大大降低吸引力，建议多一些自信，多参加一些集体活动，久而久之你就会适应众人的目光，并自然流露出自我魅力。

选D：无法满足感情和肉体的双重需求

你天生没有安全感，如果不是和你有血缘关系，恐怕很难能带给你百分之百的安全感，你在众人面前总是保持平和、快乐，只有在亲人面前才会流露出悲伤的神情，把自己脆弱的一面呈现出来。其实没必要有太强烈的防御心理，偶尔在人前撒娇或是示弱，会让别人产生怜爱之心，也会让人觉得你可亲可近。

男人化妆
女人抽烟

多一些选择，多一些幸福

"执子之手，与子偕老"、"海枯石烂，两情不渝"、"好女不事二夫"，诸如此类的词汇都是用来形容从一而终的爱情，这代表了一种贞洁，无论是精神上还是肉体上的。由于传统观念带给人们的影响，中国人对爱情和婚姻一直本着从一而终这个念头，但随着社会结构的变动，随着人们思想的开化，从一而终已经远远落后于这个时代，并且让人强烈地感到它所带来的束缚，这个观念也受到了前所未有的冲击。与以往的从一而终相比，现在的生活方式更趋向于三心二意。

也许有一些卫道士看到这里，已经一脸严肃地要驳斥笔者的观点了，但先别忙着排斥，听笔者细细道来。

强扭的瓜不甜

不可否认，如果一辈子能够相亲相爱自是再好不过，谁也不

Chapter 4
先爱自己，再爱别人

会有分手的念头，可如果一开始就是个错误，或是感情在中途变了味道，自然没必要再勉强在一起。

无原则地迁就等于死亡

毫无疑问，两个人在一起是需要相互包容，也要做一些牺牲和忍让，但如果步步退让就不是我们想要的生活了。与另一半相处需要明确的底线，过了这个底线就不能一味地退让，要知道，无原则的迁就等于死亡。必要的时候要坐下来好好谈谈，如果谈不拢，也只能遗憾地说再见了。

一开始就是错的就不要坚持

由于各种原因，有些恋人或夫妻从一开始在一起就是错的，但为了别人的看法、自己的面子、心里的种种顾忌，总是在这段僵死的感情中苟延残喘，浪费了自己和对方的大好时光，此种感情不要也罢。

光谈观点未免枯燥，还是看个实例吧。有一个女孩儿，她自从结婚起就对婚姻充满了烦恼，她和老公在性格上有很多不适合的地方，无论是人生观、价值观，还是生活习惯都有很大的差别，常常会为了一点小事起争执。

女孩儿为了息事宁人，就总是采取忍让的态度，能忍则忍，很少跟老公争吵，但时间长了，一口气总憋在心里，无处发泄，她只能把心事向闺中好友倾诉。好友就问她："结婚之前你们已经在一起谈了两年恋爱了，时间也不能算短了，怎么那个时候你没发现和他性格不合呢？"

女孩儿叹了口气说："我早就觉得我们不合了，可是总觉得既然已经在一起了就要坚持下去，本以为结了婚就好了，可谁知道

男人化妆
女人抽烟

还是这样。"

好友说:"你一开始就错了,觉得不合适就应该冷却一段时间,可是你却一直陷了下去。其实你潜意识里有一种从一而终的思想,就是这种思想让你拖到今天。"

女孩儿一声长叹,闭口无语。

的确,从这个故事中不难看出,女孩儿今天的不幸,与自己当初的优柔寡断密不可分,而她的优柔寡断来自潜意识里从一而终的思想。这种思想看似已经是封建社会的产物,早已不存在于当今社会,但其实不然,很多人,尤其是女性还在潜意识里或多或少地残存着这样的思想,这无形中限制住了他们的选择。

曾经听到过一段这样的父女对话,父亲问:"你最近怎么跟好几个男生来往呢?你究竟在和哪个谈恋爱呢?"

女儿漫不经心地回答:"说不准呢,看哪个合适就挑哪个。"

父亲有点责怪地说:"你这样不是脚踏几条船吗?不太合适吧,谈恋爱怎么能三心二意的呢?"

女儿反问道:"不三心二意怎么能知道谁更适合我呢?"

这段对话不得不让人反思,究竟女儿的话有无道理?从表面上看,女儿的态度的确有些摇摆不定,但仔细想来女儿说的也很在理,如果不三心二意地多接触几个男生,又怎么能断定谁与自己更加合适呢?总不能把自己的幸福当成赌注吧?

其实,目前很多人都接受这种三心二意的恋爱方式,比如,有些婚恋俱乐部专门组织了恋爱速配——让被介绍的男女双方互做七天的男女朋友,七天之后如果觉得合适就继续在一起,如果觉得不合适就马上分开,各不相干,这实际上就是在广泛地寻找

186

Chapter 4
先爱自己，再爱别人

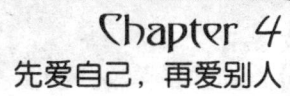

适合自己的另一半，争取以最短的时间出最大的成果。

对于21世纪的新人类而言，只要自己喜欢，又有什么不可以呢？要想赢得自己的幸福，不妨抛开从一而终的想法，多给自己一些选择，幸福自然会降临在你的头上。

男人化妆
女人抽烟

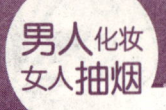

★ 心理小测试——测测你的痴情度

痴情不是错，但如果成为你通往幸福之路的绊脚石就大势不妙了，一起做做下面的测试，就知道你会不会因为太过专一而与幸福擦肩而过了。

一个中午，你饥肠辘辘地进了一家饭店，并点了一道你想要吃的菜。可是当服务员把菜端到你面前时，你却发现并不是刚才点的，这时你会怎么做呢？

A：算了，凑合吃吧

B：饭店怎么能犯这种错误呢？太气人了，不吃了

C：虽然不是我刚才点的，但这道菜看上去也不错，将错就错地吃吧

D：不行，我就要刚才点的，要求服务员重新换过

选A：痴情度0%

从表面上看起来，你是一个很有亲和力的人，你为人好结交朋友，也颇为仗义，做你的好朋友自然非常幸福，可如果当你的另一半恐怕就要伤心了。实际上你可谓是个花心大萝卜，你对异性基本上是来者不拒，凡是对你有好感的人都能得到你的眷顾。你不会为了一段恋情的结束而伤心太久，顶多有些小小的感慨，你活得潇洒自在，但也要小心，太过滥情最终会让你尝到苦果。

选B：痴情度40%

你的性格比较严肃，在对待异性的态度上也不是很随便。你的理智会让你比较冷静地对待一段感情，一旦你觉得这段感情已经过去或

Chapter 4
先爱自己，再爱别人

是不适合你了，就会平和地结束，不会纠缠太久，更不会让自己痛苦太久，你会努力地调整心态，以使自己更快地恢复正常，进入下一段恋情。

选 C：痴情度 60%

严格来说，你并不是一个花心的人，但由于你生性随和，不懂得拒绝别人，所以总是有很多桃花缘。每当异性向你坦露心声时，即使你不喜欢对方，也不愿意拒绝，生怕伤害别人。这样的你可能会给别人一种花心的错觉，但其实你内心里还是蛮专情的，对待自己喜欢的人会一心一意。如果你经受失恋的打击，可能会有一个过渡期来进行调整，在此期间，你可能还会和以前的恋人有所联系，或是对着旧物深深思念，要注意，不要让自己陷在其中太久，多接触一些人和物，会让你的生活恢复生机。

选 D：痴情度 100%

你是一个绝对痴情的人，一旦喜欢上一个人就会死心塌地，至死不渝。即使发现双方并不合适，或是对方并不太爱你，你也不会在意，仍旧全心全意地付出。如果你遭遇失恋，是最不容易从阴影中走出来的一个，你会痛苦万分，不能自已，整日思念旧情人，把自己陷在痛苦的深渊里不能自拔。小心不要让你的执著变成固执，更不要让自己由固执转为疯狂。

男人化妆
女人抽烟

理性的同居胜过盲目的婚姻

与结婚不同，同居少了一纸法律文书，没有任何保障，看上去动荡不安，在过去更被视为不道德、不合法之举，但随着人们的思想日趋开化，西方的生活方式流入中国，越来越多的男男女女已经跨入了同居的行列中。

蔡小姐就是未婚同居中的一员，在她还没有和男友同居之前，根本没有想过同居这件事会发生在自己身上。她觉得自己是一个比较保守的人，出身书香门第，受过高等教育，是绝不会跟别人未婚同居的。

可是，当蔡小姐爱上一个男人之后，一切想法全变了。他们谈了将近两年的恋爱，彼此非常相爱，也见过了双方的父母，到了谈婚论嫁的阶段，但一个非常现实的原因让他们的婚事停滞不前——没有房子。

Chapter 4
先爱自己，再爱别人

蔡小姐和男友都不是本地人，每个月租房住。他们参加工作才四五年，积蓄不是很多，而且谈恋爱的时候花销也不小，要想立刻买房结婚是不可能的。可是蔡小姐的父母又希望他们能在结婚的时候有自己的房子住，所以结婚的事只能暂时拖了下来。

一边是婚事的搁置，一边是爱得如火如荼的两个人，于是，蔡小姐和男友决定搬到一起住。

刚开始的时候，蔡小姐的父母非常反对，他们认为女孩子怎么能还没有结婚就和男人住在一起呢？

可是蔡小姐和男友有着自己的打算。他们计划先住在一起，双方都努力工作，等一年以后存了几万元钱，再贷款买房。有了房婚自然就可以结了，婚后两个人再一起还贷。本来他们也想先领个证再攒钱的，但觉得没有这个必要，免得别人认为都结婚了生活还过得这么差。

这种同居生活既解了相思之苦，又能省一边的房租钱，还能彼此有个照应。

两个人同居以后，爱情不断升温，同吃同睡，同入同出，还有什么比这更快乐的呢？

在刚开始住在一起的时候，两个人也有为鸡毛蒜皮的小事拌嘴的时候，可每次吵完架，他们就更珍惜彼此，也都收敛了自己的脾气，渐渐的，他们吵架的次数少了，生活越过越甜蜜。

不仅如此，他们还在同居生活中学会了如何理财，如何打理自己的小家，所有认识他们、熟悉他们的朋友都觉得他们的生活很幸福。

一年之后，蔡小姐和男友就按着自己的计划付了首付，贷款

买了房子。在婚礼上，蔡小姐的父母也舒了一口气，再也没有什么顾虑了。

婚后，蔡小姐说："同居并没有什么不好，相反，它让我们更加珍惜彼此，在强大的爱情面前，我们除了同居没有其他办法。"

蔡小姐的经历很多人都有，有些人是因为想结婚而暂时不能结婚同居，有些人是本来就没想结婚，不论如何，在老一辈人大呼世风日下的同时，新世纪的年轻人也给出了自己的同居理由：

同居不是试婚，而是热身

很多人认为，同居就是试婚，但"试"之一字并不能很准确地形容同居，"试"字包含了太多的草率，太多的不负责任，而用"热身"一词来形容恐怕更为贴切。同居对于婚姻，是一场热身赛，是为了更好地将爱情进行到底。

同居让我们更了解彼此

俗话说距离产生美，但在恋人中，能永远保持距离的并不多见。当距离缩小甚至不存在时，美还能存留吗？谁也不能下此定论，也不敢大夸海口，唯一的方法就是让距离切实缩小，在新的关系中发现彼此不为自己所知的一面，不断地调整自己。

天长地久的不只是爱情，还有生活中的小事

如果一辈子能生活在爱情的水晶瓶里是一种幸福，但大多数人无此幸运，他们更多的将遭遇生活中的鸡毛蒜皮。当两个人真正生活在一起，就会发现爱情不再像歌中唱的那般曼妙，更多的是令人头疼的柴米油盐。能不能适应并从中找到快乐，是同居时期必做的功课。

学会付出而不是索取

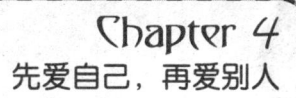

Chapter 4
先爱自己，再爱别人

在爱情当中，我们总习惯了索取，但当生活在一起时，更多的是需要付出，学不会这一点，两个人的日子不会安宁。

漂泊让我们的心贴得更近

总有人觉得同居很不稳定，是一种动荡的生活，但岂不知，正是这种漂泊让我们把彼此抓得更紧，更加迁就对方，共同为日后的美好生活努力。

为了有个伴儿

对于相当一部分男女来说，这是很重要也很客观的原因之一。尤其是身在异乡的人，总是备感孤独与寂寞，同居能够使自己冰冷的心灵得到慰藉，从而寻找到快乐。

再现实一点来说，两个人同住能省下不少的房租、水电费、电话费和上网费等。

为了自由

也有一部分人，同居不是为了结婚，而是为了不结婚。他们更加渴望自由、无拘无束的生活，不喜欢被婚姻羁绊，不会附属于一个男人或一个女人，但他们也渴求爱情、渴求异性的抚慰，所以同居对于他们来说，被认为是最好的生活方式。但是这种方式是不宜提倡的。

看了这些理由，你也许会发现同居的种种好处，并准备朝着此方向迈进或已经身入其中，但是凡事有利就有弊，新式的生活方式可能是新鲜的，是符合需求的，但不可能是完美无缺的，也要注意以下几点：

安全措施不可少

同居最大的问题就是怀孕，因此在这个同居时代中，女孩子

男人化妆
女人抽烟

要学会保护自己，必要的措施绝不可少，以免为自己的健康带来危害。

别让同居成为习惯

有些人有多次同居的经历，以前的挫折在他们的心中形成了阴影，很可能造成他们为了同居而同居，不敢轻易迈入婚姻的殿堂。多次的同居关系可能会令你无法建立良好的情侣关系，这是未来婚姻失败的先兆。

同居时间不宜长

同居的时间越长，双方的责任感就越淡薄，而缺少责任感恰恰是婚姻的大敌。一般来说，同居以一年为宜，不宜过久。

不可否认的是，一部分人的确是抱着游戏心理同居的，他们想从中获得刺激与浪漫的感觉，体验妙不可言的快感，对此种人要谨慎考虑。

说一千道一万，无论是同居还是结婚都没法给你幸福的承诺，真正的幸福要靠自己去努力、创造。

Chapter 4
先爱自己,再爱别人

★ 心理小测试——你适合同居吗?

在这个同居时代你准备好了吗?你适合同居吗?一起来做个小测验就能得到答案了。把每个选项的得分加起来,对比最后的结果吧。

1. 你有没有单独在外面租房子住的经历?

   A. 我都自己租了好多年了(4分)

   B. 我都是住在家里,没出去住过(1分)

   C. 曾经住过,不过后来不习惯,又搬回家里住了(2分)

   D. 我最近正打算租出去单住(3分)

2. 你有在外工作的经验吗?

   A. 有,早在上学的时候我就开始打工赚零花钱了(4分)

   B. 我还没有过工作的经验(2分)

   C. 目前为止我只做过家教(3分)

   D. 我是自由工作者,创业当老板(1分)

3. 你的父母经常让你帮他们做家务吗?

   A. 从来也不,他们包揽了一切(1分)

   B. 基本不会,除非他们忙不过来了(2分)

   C. 他们只让我做些力所能及的,太累的活不会让我干的(3分)

   D. 他们总是让我干很多家务活(4分)

4. 你有几个兄弟姐妹?

   A. 我是老大,下面还有几个兄弟姐妹(3分)

   B. 我有几个兄弟姐妹,我排在中间(4分)

   C. 我是最小的一个,上面有哥哥姐姐(1分)

男人化妆
女人抽烟

D. 我是独生子女，父亲只有我一个孩子（2分）

5. 你能控制自己的情绪吗？
A. 一般都能控制，但如果我心情不好就很难说了（2分）
B. 我经常会发脾气，情绪自控能力很差（1分）
C. 我天生冷静，遇到什么问题都很理智，不会发脾气（4分）
D. 人不犯我我不犯人，不惹我什么事都好说，要是惹到我，一定不给他好果子吃（3分）

测试结果：

5分~8分：同居指数 ★

可以说你是一个还没有完全长大的孩子，对别人的依赖性很高，独立性很差，要想跟人同居，必须要找到一个极有耐心、可以无限包容你的人，否则你们必会整日像火星撞地球一样地争吵。

如果你已经跟心爱的人同居或正准备同居，不妨学着让自己变得独立，多去体会对方的感受，凡事不要只由着自己的性子来。要知道，两个人相处双方都必须做些调整和改变。己所不欲，勿施于人，不能强求别人做一些不愿意干的事情，没有人有义务永远包容你。你在接受别人的爱意时也要学会付出，这样才能让双方都感到快乐。

9分~12分：同居指数 ★★★

虽然表面上看上去你的脾气很好，但却不是非常适合同居，因为你是一个很有原则的人，如果碰到价值观、人生观不同的时候，总会一本正经地与另一半争论，甚至争得脸红脖子粗。时间长了，你们之间的小摩擦就会变成大裂痕。要学会尊重对方，多给对方留一点空间，哪怕你对对方的作为不赞同，也要用平和的方式去沟通。

Chapter 4

先爱自己，再爱别人

13 分~16 分：同居指数 ★★★★

你生性温和，凡事不喜与人争吵，对待同居恋人也是如此。你很会照顾对方，凡事也会为对方着想，是个理想的伴侣。美中不足的是，你有时有些太过温柔，总喜欢把话藏在心里，你以为对方会明白你的意思，但很可能让你失望。你的习惯性做法是置之不理，直到对方改变。可是这种方法很难如你所愿，最后的结果很可能是让双方都伤心。建议你有话直说，不要总怕会伤害对方，只有加强沟通，才能长久地生活在一起。

17 分~20 分：同居指数 ★★★★★

你很适合同居生活，因为你有足够的独立性。你不会很依赖别人，但又很懂得照顾别人，跟你在一起的人会感到很舒服。但是你还是要小心，生活中总要多一些浪漫，不要以为在一起时间长了就可以什么都省略，适当地制造一些小惊喜，会给你们的同居生活增添很多色彩。

Chapter 5
女人主外，男人主内

男主外、女主内，
一直是中国家庭默认的规范模式，
大部分人认为男人应该在外面拼搏、为家庭奋斗，
女人则应该在家相夫教子、担负起妻子的责任。
但随着男女越来越平等，
家庭角色也悄悄地进行着转变，
女人已经以锐不可挡之势登上了世界的舞台，
她们面临的更多是来自事业的挑战。
与此同时，
男人则成为了系着围裙忙碌家务的人，
这当真是一个女人当家、男人听令的时代……

女人主外，男人主内

Chapter 5
女人主外，男人主内

留守丈夫也精彩

有这样一种家庭，和以往的丈夫外出发展事业，而妻子独自留在家中守候"留守家庭"不同，而是妻子为了事业选择在外地或国外工作，与丈夫几周几个月甚至一年才能相聚一次。如今，这样的家庭在都市里越来越多，并且诞生出一个全新的角色——"留守丈夫"。

沈先生就是一个标准的"留守丈夫"，他在北京的一家国营企业做职员，工作很稳定，也不忙，从来不加班，属于按部就班的职业。

沈先生的妻子在一家仪器公司做销售代表，由于工作能力很出色，所以两年前被派到上海的分公司做销售部门的经理。销售工作自然十分繁忙，尤其是在私企，几乎没有什么休息日，只有在春节期间或者年假的时候才会放几天假，也只有在这时，沈太太才能回家和丈夫团聚。

男人化妆
女人抽烟

一年以后，沈太太又被公司派往新加坡开展业务，这下她和沈先生团聚的时间就更少了，只能在网上见面。

妻子不在身边的沈先生，似乎又回到了以前的单身生活，每日三餐非常简单，不是随便煮袋方便面就是在外面吃。屋子也不是很整齐，厨房水池里的碗筷堆到没得用了才刷，洗衣机里的衣服也是周末才洗。

沈先生的朋友们都不太理解，认为他的妻子老不在身边，结了婚也跟没结一样，这样的生活有什么意思呢？他们很不理解地问沈先生："你不希望老婆待在自己身边吗？为什么不让她回来呢？"

沈先生对此很平和，他说："鱼与熊掌不可得兼嘛，好的生活哪会唾手可得呢？我们都还年轻，也没有孩子，如果现在不努力拼一把的话，怎么为将来打基础呢？妻子的事业做得很好，那就让她去做吧，如果现在阻拦她，将来我会后悔，她也会埋怨我。我的工作虽然没有她挣得多，但是很稳定，可以给她做一个稳固的后方，让她无论走到哪只要一想起家里就觉得温暖。再者说，这也是对我们双方感情的一次很好的考验和磨砺。"

像沈先生这样的"留守丈夫"已经越来越多，这一新角色的出现打破了传统的家庭组成格局及旧的家庭生活观念，也是新形势下城市家庭生活的一个新的趋向。

在人们的传统观念里，对婚姻有着一个固定的印象模式：当男女双方结婚后，就应该同入同出，相互厮守才叫夫妻，如果是天各一方，那简直与牛郎织女无异。

但是随着生活节奏的加快，生活压力的加大等原因，传统的

Chapter 5
女人主外，男人主内

家庭结构开始寻找突破点，以便能够发挥最大的价值。因此，一些在工作上有能力的女人不再墨守成规过着平庸的生活，纷纷向外寻求更好的发展。

不过，也有一些婚姻专家认为，"留守丈夫"的出现在一定程度上是好事，但是所带来的问题也要注意，由于夫妻长期分居，缺乏沟通，这很容易影响夫妻感情。那么如何才能既享受这种新的家庭模式带来的好处，又避免婚姻产生一些问题呢？

即使远隔万里，也要每日沟通

不管身在何处，都要记得每天与另一半沟通，可以用电话、电邮、网上聊天，把自己的近况、想法都告诉对方，保持良好的沟通才能让感情不降温。

养成健康的生活习惯

不要因为另一半不在身边就把日子过得乱七八糟，要拥有一个健康的生活，始终保持容光焕发的精神面貌，这也是保持良好心态的要诀。

培养一种爱好

另一半不在身边的时候总难免感到孤独，这时有一种爱好就显得尤为重要，它可以陪伴你走过一个人的时间。

传统的生活方式有利有弊，因人而异，如果你对旧有的方式感到不满意，不妨利用年轻出去打拼一下，只要你的另一半不反对，那么生活总会向你微笑。

男人化妆
女人抽烟

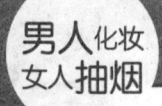

★心理小测试——你适合两地分居的生活吗？

并不是每一个人都适合两地分居的生活，要想让自己的家庭转换新的模式，还是先来看看自己是否能够快乐地与另一半遥遥相望吧。

假如有一天，你忽然发现你的孩子爱上了一个人，这个人居然是你的好朋友，年纪跟你一样大，这时你会怎么办？

A. 非常生气，一定不能让他们在一起
B. 冷静地跟双方谈一谈
C. 爱情这种事就让它顺其自然吧

选A. 非常生气，一定不能让他们在一起

距离产生美这句话送给你再合适不过，你本身是一个敏感的人，如果和另一半从早到晚待在一起，反而有可能发出不愉快，两个人保持适当的距离会让你们的感情逐渐升温，所以你很适合成为留守家庭中的一员。

不过要注意的是，心中的猜忌、不信任是家庭最大的敌人，要相信另一半无论身在何方，不论离你有多远，都会时时记挂着你。

选B. 冷静地跟双方谈一谈

你比较适合短暂的分离，因为你是一个需要有独立空间的人。你的性格相对来说比较独立，能够不依赖别人而自己生存。如果你爱上一个人后，虽然希望他能长时间地跟自己在一起，但也喜欢体会一下小别胜新婚的滋味。

不过，如果你与另一半分开的时间不长还没有什么问题，一旦需

Chapter 5
女人主外，男人主内

要长时间的分离，你就要慎重地考虑自己能不能承受了。

　　选 C. 爱情这种事就让它顺其自然吧

　　你很不适合两地分居的生活，总是希望另一半能够无时无刻不陪着你。你缺少安全感，只有在心爱的人身边才会感到踏实与温馨。你的事业也因为家庭的稳定才得以上一个新的台阶，建议你不要轻易尝试两地分居的生活。

男人化妆
女人抽烟

男人系围裙，女人看报纸

很多人都十分熟悉这样的场景：

下班后，女人系着围裙在厨房里忙碌，围着锅台操着铲勺给自己的老公和孩子煮营养可口的饭菜。而男人坐在客厅的沙发上，呷一口女人泡的茶，翻开报纸，跷着二郎腿浏览当天的新闻。直到女人喊"洗手吃饭了"，他才慢慢悠悠地放下报纸，走到餐桌前，拿起筷子大吃特吃。而饭后，男人又坐到沙发上点了支烟，随手打开电视，不停地转换遥控器，选择自己爱看的节目，只留下女人独自收拾餐桌上的残局，然后洗碗、扫地、收拾房间。

这种情景已经延袭了不知多少年，但近几年，尤其到了高科技发展的后工业时代，女人开始逐渐显示她们在工作上的能力，这使得她们脱离了厨房，把更多的时间用在工作上，这些职业女性甚至比男人更加出色，她们甚至大呼疾呼，新的家庭模式就应

Chapter 5
女人主外，男人主内

该是——男人系围裙，女人看报纸！

然而，这样的趋势最初并不是男人乐意见到的，受传统观念的影响，他们更习惯男主外女主内的生活方式，但已经走出家庭的女人再也难以召回，这迫使男人开始回归家庭，一个新的称呼诞生了——全职先生。

所幸的是，男人对这场家庭角色的进化适应得比较顺利，他们甚至主动地把自己变为"主内"的角色。

在一项在北京、上海、广州、深圳四地开展的调查显示，28岁到32岁的男性白领中，分别有22%、73%、34%、32%的人愿意在条件许可的情况下，当"全职先生"。

根据社会学家的分析，全职先生的产生大致有三种原因：

妻子的收入更高

"谁的事业更强谁就去外面打拼，弱一些的则多放一些精力在家中"，这是一部分全职先生的理由。他们的妻子在事业上的发展比自己更好，收入也比较高，自然留在家庭上的精力就少一些，这时丈夫们就承担起了"主内"的角色。

妻子回归职场

有一些妻子长期做全职太太，她们渴望自己的身份能有变化，渴望能和外界有更多的接触，于是选择了重回职场。这时老公则大力或者不得不全力支持，与妻子调换角色，花更多的精力在家庭上。

老公有能力，工作家庭两不误

有些老公的职业比较自由，时间也很充裕，他们比妻子更有时间照顾家庭，因此自然而然地肩负起了家庭的责任。

男人化妆
女人抽烟

除此之外，现在的男人已经越来越理性，他们能冷静地看待合理分工，也能冷静地思考哪种模式对家庭和事业更加有利，从而根据实际情况，对家庭进行经营。他们也不再把女人看做是自己的私属物品，而是放在婚姻伙伴的位置上，带着一份尊重和爱护去看待妻子。就如同惠普的 CEO 卡莉·费奥利那的丈夫弗兰克·费奥利那，他原本是 AT&T 公司的副总裁，现在已经提前退休，心甘情愿地担当着家庭妇男的角色，他最常说的一句话就是："嘿，这就是现实——我娶了一位能当 CEO 的老婆。"这样的模式不也是完美的吗？

虽说如此，如果你恰巧是一个这样的女人，在实行这种模式时，也要注意几个问题：

不要居功自傲

卡莉·费奥利那在接受采访时，总会以一种十分骄傲的口吻说："积极向上的态度、对工作的热情以及一个富于牺牲精神的丈夫是我成功的关键。"

如果你总是咄咄逼人，把自己的成功当成羞辱老公的资本，那可想而知，你的婚姻怎么能幸福呢？

要记住，对老公心怀感激和敬意才是工作家庭两不误的关键。

不要严守经济大权

钱总是生活中必不可少却又容易伤人的东西，当女人主攻事业时，如果把家庭财政揽得死死的，可是会伤害夫妻感情的。可以把家庭财务交给老公打理，既让他知道你的信任，又增强了他的自信。如果老公确实不擅理财的话，也要和他一起商量每一笔较大的支出，让他知道你的心里还有他。

Chapter 5
女人主外，男人主内

不要一点家务都不参与

无论你在外面有多忙，有多累，也不要总是一进家门就颐指气使，更不要觉得老公为你所做的一切都是应该的。在节假日时，抽出一点时间做做家务，能增进夫妻的感情，让爱永远甜蜜。

其实，无论是男主外女主内，还是女主外男主内都不是最重要的，哪个模式最好也不是一概而论的，只有夫妻双方互相尊重，互相信任，才能共同构建一个完美、和谐的家庭，也才能让生活更加幸福，远离烦恼。

男人化妆
女人抽烟

★心理小测试——你适合什么家庭角色？

如果你还不能准确地判断自己到底适合扮演哪种家庭角色，就赶快来测一测吧，把分数相加，就可以得知你的类型。男女都可以测哦！

一位公主受到魔法的诅咒，永远地陷入睡梦中。很多年过去了，在一位王子的爱情召唤下，公主终于苏醒过来。这则古老的童话，会反映你适合的家庭角色。

1. 在公主诞生之时，皇帝和皇后为了庆祝，邀请了各种各样的人来到皇宫。三个女巫也应邀参加。第一个女巫说："我要送给公主美丽的容貌。"第二个女巫说："我要送给公主动听的声音。"第三个女巫说："我要送给公主……"你觉得她会送公主什么礼物？

   A：聪明的头脑（5分）

   B：善良温柔的心灵（3分）

   C：健康的体质（1分）

2. 第三个女巫正想把礼物送给公主时，突然又出现了一位女巫，她因为自己没被邀请而感到愤怒，并进行了诅咒："在公主16岁生日时，她将被纺车刺破手指而死去！"当你听到这样的预言，你会怎么样？

   A：太可怕了，眼泪止不住地掉下来（1分）

   B：她在吓唬人，根本不可能发生这样的事（5分）

   C：要小心，千万不能让这样的事情发生（3分）

3. 15年过去了，公主的生日马上要到了，她被带离皇宫，住在森林中，由三个好心的女巫守护着。有一天，一位陌生的年轻人路过此地，看到了公主。你觉得他是为了什么走进森林中的呢？

Chapter 5
女人主外，男人主内

　　A：被公主的美好歌声吸引而来（3分）

　　B：迷路了（1分）

　　C：他在找一个人（5分）

　4. 原来这位年轻人是邻国的王子，他见到公主后怦然心动。你认为他为什么会怦然心动呢？

　　A：公主的眼睛太漂亮了（1分）

　　B：公主正好是自己喜欢的类型（3分）

　　C：公主的体态气质十分动人（5分）

　5. 王子问公主："你叫什么名字？为什么会在森林中？"公主是怎样回答王子的呢？

　　A：因为王子英俊而温存多情，向他说明自己的一切（5分）

　　B：小心留神，什么话也不说（1分）

　　C：起初有戒备心理，慢慢地就信任王子了（3分）

　6. 在公主16岁生日那天，她果然被纺车刺破了手指，长睡不醒。王子轻轻地吻了一下公主后，公主睁开了眼睛。你认为王子吻了公主哪里呢？

　　A：嘴唇（5分）

　　B：眼睛（1分）

　　C：额头（3分）

　7. 你觉得16年以后，公主和王子会是怎样的呢？

　　A：结婚了，并幸福地生活在一起（3分）

　　B：养育了许多孩子，生活很美满（1分）

　　C：两人结婚后，公主还是由于扎破手指而死去（5分）

男人化妆
女人抽烟

测试结果：

A 型　7 分 ~ 12 分

你亲和力强，周围的人都喜欢与你亲近，大家也都十分喜欢你。你喜欢安稳的生活，哪怕收入不多你也能快乐地过每一天。你很适合家庭生活，如果条件许可的话，你可以尝试把精力多放在家庭中，会收获意想不到的快乐。

B 型　13 分 ~ 18 分

与 A 型相似，你也更加适合家庭生活。但你与 A 又略有不同，你不适合把工作辞掉当全职太太或全职先生。你可以把精力平分在工作和家庭上，享受两者带给你的双重快乐。这样的你会更加有魅力。

C 型　19 分 ~ 24 分

你认为男女是平等的，不应该谁"主外"谁"主内"，而应该两个人一起分担。家庭事业你一个也不愿意放弃，并且有能力平衡它们之间的关系。用自己在事业上的成就为家庭增光添彩是你不断的追求。

D 型　25 分 ~ 30 分

你不太适合当全职太太或全职先生，平淡的家庭生活会让你窒息。你富于幻想，喜欢随心所欲的生活，更喜欢不断在事业上追逐自己的梦想。如果过多地回归家庭，恐怕会闷坏你的。

E 型　30 分以上

你绝对不适合完全回归家庭的生活，事实上，你在家里很难坐住。你喜欢变化，讨厌一成不变的生活。在家庭角色上，你绝对是属于"主外"类型的。

Chapter 5
女人主外，男人主内

迎合"岗位"需要，全职爸爸登场

　　林先生最近面临着很大的烦恼：自己的公司很不景气，而且前景也很暗淡，每个月的收入只有两千出头。可就在这个时候，女儿出世了，孩子巨大的花销令他倍感压力。他和妻子都在工作，因此他每天拖着疲惫的身体回家后，还要赶到身体不好的母亲家接孩子。这样一来，工作、孩子两头都没有兼顾好，哪一个都让他筋疲力尽。

　　一天，林先生的好友韩先生来他家做客，韩先生和林先生一样，也刚刚得子，但样子看上去非常精神，一点也没有林先生那样的疲惫。林先生很羡慕地说："看你这精神气爽的样子，一定是老婆帮你照顾家吧。"

　　"才不是呢，"韩先生笑呵呵地说，"我现在是全职爸爸，早就不上班了，家务、孩子都是我管。"

男人化妆
女人抽烟

"什么？"林先生很吃惊。在他的观念里，一个大男人怎么能不上班，专门在家看孩子呢？

韩先生却不以为然地笑笑："这都什么年代了，你还这么想的话就太落伍了。孩子还小，总要有一个人照顾的，我们双方父母身体都不好，不能带孩子，她（韩先生的妻子）每个月挣得比我多一些，而且那份工作也有发展，她也不愿意回家，那就我回家呗，把孩子照顾好了也很不容易呢！"

自从和韩先生有了这一番交谈后，林先生开始了思考，他在想自己是不是也能当个全职爸爸呢？当他犹豫地把自己的想法和妻子说了以后，没想到竟然得到妻子的支持。从那后，林先生辞去了工作，一心一意地做起了全职爸爸。

如今，谈起做全职爸爸的心得，林先生是这样说的："起初我还担心男人回归家庭会被人看不起，但现在看起来根本不存在这个问题。把孩子照顾好是一件很不容易的事，我和老婆各管一摊。其实现在社会很开放了，男人回归家庭做全职父亲也是很平常的一件事。"

这并非只是林先生自认如此，很多妈妈们也对全职爸爸赞誉有加。一位妻子这样评价道："我不觉得丈夫回归家庭是没出息，他的牺牲对我帮助很大。"像这样的妻子不在少数，她们对丈夫非常感谢，正是丈夫的牺牲，使得家庭结构更加牢固，而且她们相信，当孩子长大后，丈夫还能在事业上发挥自己的才能。

现在由男人负责照顾孩子的家庭已经越来越多了，据婴幼儿教育专家介绍，在几年前对中国大陆某城市的调查中，在1000户有新生儿的家庭中，只有三四户家庭是由爸爸来照顾孩子，而

Chapter 5
女人主外，男人主内

近年来，这个数字呈明显上升趋势，有越来越多的爸爸选择回归家庭，把精力全部放在孩子身上。

在美国，有一个富商，他身份极高，为人也很严肃，他的钱多得怎么花也花不完，每天都出去应酬，不怎么回家。可是有一天，他的朋友和邻居们发现，这个富商变了。不再早出晚归地去公司了，而是每天一大早就在自家的院子里忙活着。

原来，他新近得子，不再把整日的时间放在公司，而是在家里忙碌，每天一大早就在院子里洗着大桶大桶的孩子的尿布。

等到洗好后，他把尿布一块一块展开，细致地晾在院子里的晾衣竿上，等尿布干了再一块块叠好收起来。

他的妻子很甜蜜地说，当丈夫在洗尿布的时候，一边洗一边哼着歌曲，那种快乐的神情她好久都没有见到了。

这个富商完全可以买纸尿片，或是请一位保姆来照顾孩子，但是他全都拒绝了，他认为他应该亲自做这些事情，因为他已经是一个父亲，他不仅要尽到照顾孩子的责任，而且也从中享受到了为人父的幸福和快乐。

据美国《华盛顿邮报》2007年的一篇报道称，根据美国人口普查局调查数据，目前在美国"全职爸爸"人数达到大约15.9万人，占全国"全职父母"总数的2.7%，这一比例较10年前增长了2倍。

无论是中国的还是外国的爸爸们，他们之所以选择了这样的方式，大概有几点原因：

妻子的事业更加出色

基于现实的考虑，不少家庭都把这个原因列在首位。有些家庭妻子的收入不错，公司前景也很好，如果把太多的精力用来照顾孩子，荒废了事业未免可惜。而相比之下，丈夫的收入则不如妻子，在这样的情况下，必然要保住收入高的，那么丈夫的回归也就在所难免。

丈夫事业有成

与第一种原因正相反，丈夫的事业不是不如妻子，而是事业有成，他们已经经历过了事业的高峰期，希望可以休整一段时间，在家享受天伦之乐。

妻子希望在事业上有所成就

有些女人对事业的追求比较强烈，她们希望能在事业上有所成就，舍不得放弃自己多年打拼下来的成绩。在这种情况下，丈夫支持妻子也是理所当然。

丈夫管家的能力比妻子强。

并不是所有女人都有管家的本事，有些女人在事业上可能比较出色，但说起管家来就一塌糊涂。如果丈夫的管家能力比妻子强，那么就应该支持他。

丈夫是自由职业者

有些男人是SOHO一族，他们不用每天八小时坐班，可以自由安排自己的时间。他们能够把工作和照顾孩子的时间分配好，做到事业、家庭两不误。

如果你恰恰也跟上述几个原因相符，不妨也考虑一下做全职爸爸。况且，全职爸爸并非终身全职，当孩子长大一些，不用耗费那么大的精力时，爸爸们就可以重返职场，继续打拼自己的事业。

而最为关键的是，全职爸爸的出现很有可能培养出出色的孩子。毫无疑问，全职爸爸在家庭教育中占主导地位，教育专家称，

Chapter 5
女人主外，男人主内

当孩子和爸爸在一起待的时间越多，智力就越发达，这是因为男人通常以完全不同于女人的教养方式和态度对待自己的孩子。

一般来说，男人更加富有创造性和冒险精神，他们更多地表现出阳刚、坚韧、开拓、活跃的一面，更多地教会孩子怎样应付和解决他们遇到的各种人生问题，使孩子的意志和智慧得到最佳发展。

全职爸爸的出现，标志着一个新理念的诞生、一种颠覆传统家庭观念的诞生，全职爸爸们为了支持妻子的工作，自己做出了牺牲，把对事业的激情发挥在家庭中，凭着自己的才智，把家庭打理得井井有条。于是，我们欣然看到这样一幅画面——那些在传统观念中严肃威严的爸爸，正给孩子喂奶、擦身、洗尿布，忙得不亦乐乎。

这才是全职爸爸真正的意义——寻找快乐，只要观念变一变，生活就完全不同，如果你能快乐地生活着，那做个全职爸爸又何妨呢？

★ 星座心理——谁更有当全职爸爸的天分

1. 白羊座

白羊座的男人很适合当全职爸爸。他们做了爸爸之后，非但没有变得成熟，反而会表现出孩子气。他可能会和宝宝一样，顽皮地对妻子喊"妈妈"。这样充满童心的他，会非常宠孩子，成天和孩子一起玩耍打闹。与"父亲"这个称呼相比，他更加像一个孩子王。要注意的是，这个星座的爸爸们不要把孩子宠坏，要有意识地培养孩子的独立性，千万不要溺爱孩子。

2. 金牛座

金牛座的男人会是一个极有爱心的爸爸，他会尽自己所有的力量，去为孩子安排好未来的生活。与全职爸爸相比，他更倾向于出外挣钱，因为他希望满足孩子一切的物质需求，把最好的东西全都给他。要注意的是，千万别把孩子宠坏，适当地让他吃点苦对他的成长是有好处的。

3. 双子座

双子座的人比较适合当全职爸爸。他们天生兴趣广泛，懂得的东西也比较多，很符合小孩子爱探索的天性。孩子跟双子座的爸爸在一起会非常开心，也会很敬仰他。但是，双子座的男人喜欢自由，所以也不会给孩子太多的约束，这可能会造成孩子缺乏纪律感，要知道，虽然自由可贵，但教孩子懂得遵守纪律也是很重要的。所以，虽然他们很能照顾孩子，但是不要把教育工作全部交给他们，要当心他们把孩子教坏。

4. 巨蟹座

Chapter 5
女人主外，男人主内

巨蟹座的人天性顾家，他对孩子的照顾可以用无微不至来形容，他对孩子非常有耐心，几乎可以把一天24小时都花在孩子身上，他的耐心程度可能远远超过一个母亲。这个星座的男人是最适合当全职爸爸的，如果有条件的话不妨一试。要注意的是，孩子不可能永远在你身边，当他长大了就需要相对独立的空间，届时你会感到十分失落，要调整自己的心态。

5. 狮子座

这个星座的男人不太适合当全职爸爸，因为他们更倾向于工作。狮子座的爸爸们对孩子很严厉，常常订下很多规矩，并且严格地执行。尽管他们内心是爱孩子的，但不苟言笑的外表，会让孩子们感到畏惧。因此带孩子这种事还是交给妈妈们吧。

6. 处女座

虽然处女座的男人没有太多做爸爸的愿望，他们更喜欢独身，可一旦他们有了孩子以后，就会变成一个非常有责任感的父亲，哪怕牺牲自己的时间，也会多和孩子在一起。他们会带孩子学各种乐器，带他们去看各种展览，很注意培养他们的情操。如果有一个处女座的老公，做妈妈的真的可以轻松很多，他还是非常适合当全职爸爸的。

7. 天秤座

天秤座的男人不是很适合做全职爸爸，他们做事很有自己的原则，喜欢滔滔不绝地讲大道理。也正因此，孩子们会觉得少了一些趣味，听爸爸说教的时候常常想跑开玩耍。虽然天秤座的男人会是个不错的爸爸，但却绝不适合一天24小时都和孩子待在一起。

8. 天蝎座

天蝎座的爸爸更适合当个教育家，他爱孩子，但却不是溺爱。他懂得用合适的方法去教育孩子，帮助孩子独立，培养孩子的各种能力。不过在孩子小的时候，天蝎座的爸爸没必要全职看护，留一些空间给孩子吧，毕竟孩子在很小的时候还是需要自由发展的。

9. 射手座

这个星座的男人比较适合当全职爸爸，他们会成为孩子们心目中的天才老爸。他们的个性很直爽，喜欢有话直说，这一点和童言无忌的孩子很相仿，因此爸爸和孩子们会成为很好的朋友。不过射手座的男人耐性不是很好，如果是内向的孩子，沟通起来就比较困难，每当此时，爸爸们就会气急败坏，要注意保持愉快的心情。

10. 摩羯座

这个星座的男人不太适合做合职爸爸，因为他们太严厉了，甚至有一些独裁，总是要求孩子按照自己的意思去做事，稍有一点没做好便会批评孩子。这样的爸爸虽然对孩子很负责，但对于太小的孩子来说，会限制他们的个性发展。

11. 水瓶座

这个星座的男人不适合做全职爸爸，他们需要自己独立的空间去思考。如果整天被孩子缠着，他们可是会抓狂的。不过水瓶座的爸爸们还是孩子们心目中讲道理的好爸爸，他们更像孩子们的朋友，愿意站在平等的地位上倾听孩子们的想法，愿意为他们排忧解难。

12. 双鱼座

双鱼座的男人很适合做全职爸爸，他们很富有想象力，很能满足孩子们的好奇心，他们会和孩子们一起疯、一起玩、一起做家务。他们的体贴会给孩子们很大的安全感，使孩子们喜欢跟他们在一起。不过要注意的是，双鱼座的爸爸和双子座的爸爸有些相似，就是自己都没有什么纪律观念，要有意识地教孩子遵守纪律。

Chapter 6
丘比特失宠，比基尼登场

在传统的性爱观念中，
女人是被动的，
男人是主动的，
但现在已经有相当一部分女人认识到，
在性面前女人绝不是被动的，
性爱对于男人和女人都一样公平。
女人完全可以把想要、不想要、
想如何要的感觉表达出来，
淋漓尽致地释放自己的快乐，
用极其形象的比喻来说就是，
女人在上，男人在下！

丘比特失宠，比基尼登场

Chapter 6
丘比特失宠，比基尼登场

女人主动，男人被动

在传统的性爱观念中，女人是被动的，男人是主动的，但现在已经有相当一部分女人认识到，在性面前，女人绝不是被动的，性爱对于男人和女人都一样公平。女人完全可以把想要、不想要、想如何要的感觉表达出来，淋漓尽致地释放自己的快乐，用极其形象的比喻来说就是，女人在上，男人在下。

多数女人在刚开始享受性爱时，都把主动权交给男人，但时间一长，性就难免变成了例行公事，严重影响了双方的感情和感受。这种"夫唱妇随"着实让人无奈。

而如今，随着性意识的慢慢觉醒，女人懂得将主动权掌握在自己手里，不再是以前单纯的牺牲和奉献，而是主动暗示男人自己的希望。

很多事实已经证明，男人往往喜欢主动一些的女人，美国《性教育通讯录》上，曾在一期中刊登了性学专家杰西卡·劳埃德的观点，他指出："这种性生活中的传统观念应该改一改了，男人实际上也需要性唤起。"

可事实往往与理论很难融合，道理虽是这样，但在性爱上，即使是最相亲相爱的夫妻或恋人，也会出现难以沟通的状况。那么现在你就和我们一起，慢慢地走进男人的内心，了解一下要如何主动才能点燃他的激情。

香熏法

女人香永远是无法令男人抗拒的，女人对香水的选择，不仅体现了一个女人的品味，更显示了她的优雅。在激情的时刻，香水增添了你的女人味，使你的魅力直线上升，当你散发出这种充满魅惑的香水味时，男人怎么会不心动呢？

道具法

浪漫的晚餐、性感的内心、梦幻般的音乐，使用这些小道具都能让这个晚上变得暧昧而充满激情。美中不足的是，这个方法只能偶尔使用，用得次数多了，他就产生不了新鲜感了。

肢体语言暗示法

主动爱抚无疑是很大胆的举动，从肢体接触的那一刹那，他就会感受到你的激情。从这样的按摩开始，一个浪漫之夜就被点燃了。

酒精法

美酒佳人历来是被联系在一起的，微醺的感觉可以让他如飘在云里雾里，也可以为你壮胆，让你的引诱看上去更加率真，更加可爱。

Chapter 6
丘比特失宠，比基尼登场

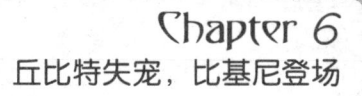

直白法

女人不一定必须保持矜持，当性爱已经成为一种生活，一种情趣时，女人就有了追求快乐的理由。当希望得到他的爱抚时，眼神、表情、语言直接地表露更能得到他的回应。当欲望变得赤裸时，他也会即刻被点燃。

撑握了以上五大方法，你就能把性爱的主动权掌握在自己手中了。但要注意的是，在这一场性爱出击中，也要掌握一些分寸，否则会弄巧成拙。

爱是前提

女人主动的前提是，要选择一个爱自己的男人来发挥。如果没有爱，他反而会觉得这个女人在死缠烂打，那样的感觉可就不妙了。

选择合适的时间

虽然说女人要主动，但也要充分考虑对方的感受，如果对方觉得很疲劳或没有心情，就不要勉强，哪怕放弃自己的要求也要迁就对方，毕竟让两个人都快乐的性爱，才是和谐美好的。

彼此熟悉

有人觉得如果两个人太熟悉了就少了很多激情，其实不然。性爱需要默契和自然，只有两个人对彼此比较熟悉，知道对方要做些什么，才能达到身心真正的统一。再者，彼此较熟悉的两个人会少很多顾虑，能为快乐的性爱增加不少分数。

巧妙地选择主动的方式

虽说女人要主动，但也一定要把握好方式。可以采取说一些亲热的话、穿上性感的衣服、对男人撒娇、制造一个浪

男人化妆女人抽烟

漫的环境等。如果在行动上过于主动,就会显得太过刚硬,失去了女人柔美的感觉。你只要用很女人的办法引起男人的"性趣"就算是成功了。

性爱是人生的享受,追求大胆的性爱理所应当。女人们不要再遮遮掩掩,更不要永远处在被动地位,让自己的生活再精彩一点吧!

Chapter 6
丘比特失宠，比基尼登场

★ 心理小测试——你潜意识中喜欢的性

看看在性爱中你有多狂野吧！

你想要为自己的卧室更换窗帘，在商店中你看中了四款图案的窗帘，但你只能买一款，你想要挑选哪款呢？

A. 动物图案　　　B. 几何图形的图案
C. 宇宙形态的图案　D. 鲜花的图案

选A：动物图案

动物意味着野性。你期待一场狂野的、让你窒息的性爱。你喜欢带点野性的男人，能满足你潜在的渴望被征服的欲望，所以你很适合"后背式"。

选B：几何图形的图案

几何形代表了不规则，你在此方面也是如此。你很积极地争取自己想要的姿势，喜欢让对方完全明白自己的感受，在性爱过程中，你是一个占主导地位的角色。你喜欢在男人上面，靠自己去追求快乐。

选C：宇宙形态的图案

宇宙是神秘的，由此可见你是一个充满好奇心的人，对任何事物都想尝试。由于你强烈的好奇心，加上极旺盛的精力，只要能得到快感，什么样的姿势你都想试一试，你总是喜欢不停地变换姿势，甚至还会用一些精巧的成人小道具。

选D：鲜花的图案

花是浪漫、纯洁的象征，表示你喜欢被呵护、被保护。这样的你当然喜欢正常的体位，有被征服的感觉。你对性爱也是比较保守，喜欢在固定的地点。

男人化妆
女人抽烟

别问我是不是处女，先证明你是不是处男

在写此文章之前，我的一位女友打来电话求助，说丈夫在外有外遇了。我很吃惊，因为这个朋友和她的老公是公认的恩爱，从他们恋爱时我就经历了他们的甜蜜，本以为他们一生都将恩爱如斯，可没想到才过了四五年，她的老公就有了外遇。

好友哭着对我说："他不仅承认与那个女人相爱了，而且还说要跟我离婚。"

"要闹到离婚这么严重吗？"

"他对我说：'很抱歉，我必须对她负责任，因为她跟我在一起的时候还是处女。'"好友伤心地说，"我跟我老公在一起的时候不是处女，当时我问他'你介意我不是处女吗'，他口口声声地说不在意，可没想到，他今天离婚的原因，是因为那个女人是处女。

Chapter 6
丘比特失宠，比基尼登场

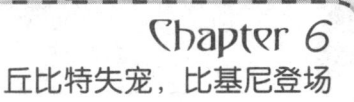

你说他这是什么意思？他要对那个处女负责，对我这个不是处女的人就不用负责了吗？"

过了几天，好友又给我打来电话，她在电话那头忿忿地说："离就离，他在意我不是处女，我还在意他不是处男呢！"

好友的这话虽然带些怒气，但也阐述了一个新的观点——那些一定要女人是处女的人，先证明你是不是处男。

的确，"处女情结"是几千年来缠绕在女性心上的毒蛇，是男人女人都无法释怀的心结。虽然在如今，我们放弃了诸多传统中的糟粕，但对"处女"一词却独独难以忘却，总会自然不自然地将它与爱情联系起来，这让很多女人愤然、委屈，甚至感到受到侮辱，就如同我好友的遭遇，很多男人嘴上说不介意，但当非处女和处女相撞时，处女总是有那么一丝说不清的优势。这就是为什么她的老公会跟她离婚。

我愿意相信当他们结婚时，她的老公是真心爱她的，也不在乎她是否是处女。但这种不在乎是表面上的，处女情结藏在内心深处的某个地方，如果这一生没有外在的环境引诱，也许永远不会爆发，但不幸的是，他碰上了一个处女，这就如同点燃了一根导火索，让火焰一直烧到心中的那个地方。

如果你在身边做个调查，不难发现，有超过半数以上的男人说"不介意自己的另一半是不是处女"，与青涩的处女相比，他们更喜欢熟女，认为熟女更解风情，更懂温存。其实这犹如张爱玲的名言："也许每一个男子全都有过这样的两个女人，至少两个。娶了红玫瑰，久而久之，红的变了墙上的一抹蚊子血，白的还是'床前明月光'；娶了白玫瑰，白的便是衣服上沾的一粒饭粘子，红的

**男人化妆
女人抽烟**

却是心口上一颗朱砂痣。"

　　这种种的一切，都像一块大石头一样压在女人的心里，给她们造成了很大的困扰，甚至会影响她们的生活，让她们变得不快乐。

　　如果你追根究底，这种不快乐还包含着另一层意思，就是女人也有处女情结。女人的处女情结大致分两种：

　　一是来自传统思想。

　　不论21世纪的今天有多么开化，总是有一部分女人脑海中残存着对处女难以言说的感情。即使有一部分女人看似不在意"处女"二字，但潜意识中总是难以摆脱这两个字给女人带来的烦恼。

　　二是来自心爱的男人。

　　有一些女人本身并不在意那一层处女膜，但如果当自己心爱的男人在意或比较在意时，她们就会受到影响，即使认为这一层膜并不能说明什么，也还是会觉得心里像堵了个大石头，更有严重者会觉得自己低人一等，在心爱的男人面前抬不起头来。

　　无论上述哪种情况，都无疑会给我们的情感生活带来痛苦。其实这有什么值得在乎的呢？那一层薄薄的处女膜又能证明什么呢？下面这个故事也许能说明一些问题。

　　在一本小说中有这样一段情节：一个中年暴发户整日都想得到一个真正的处女。于是他花巨资在镇里办了一个"处女选秀"，要选一位既漂亮又是处女的人给自己做老婆。这下子，全国各地的美女都来到这个镇子，而各种处女膜修复手术也应运而生，还有很多骗子在满世界兜售人造处女膜。

　　最后，一个女人征服了暴发户。而当他们结婚了一年以后，一次意外暴发户发现自己花重金选出来的老婆，竟然在结婚之前

Chapter 6
丘比特失宠，比基尼登场

就生过一个三岁的孩子。原来，这个女人结婚的时候根本不是处女，她以前已经和很多男人上过床，还生过一个孩子，当她得知暴发户在进行"处女选秀"时，就花了几百元做了处女膜修补手术，梦想嫁个有钱人过富裕的生活。

这个故事真是对中国人的处女情结最大的讽刺了，男人女人们真的有必要为此背上心理包袱吗？

也许你会觉得："如果没有'处女'这一概念的话，岂不是要宣扬人们性滥交吗？"

其实不然。在性上比中国早开化的西方以事实证明了，性开放导致的不是性滥交，而是性自律。

男人化妆
女人抽烟

★ 心理小测试——你爱的他有处女情结吗？

你爱的他有没有处女情结呢？这会不会影响到你们的交往呢？做过下面的测试你就会得到答案。

1. 你们在路上并肩走在一起，他通常走在：
左边→跳至第3题　　　右边→跳至第2题

2. 他的手机铃声是怎样的呢？
普通铃音→跳至第3题　　　震动→跳至第5题
铃音加震动→跳至第4题

3. 他每天大概会发多少条短信给你？
0～10条→跳至第5题　　　10条以上→跳至第6题

4. 如果你和他一起去参加他朋友的聚会，他会怎么做？
拉着你的手→跳至第8题　　　搂着你的腰→跳至第6题

5. 以下两个地方他更喜欢哪里？
西湖→跳至第9题　　　泰山→跳至第7题

6. 当你生病的时候，他会怎么做？
带你去医院看病→跳至第10题
去药店买药给你吃→跳至第7题

7. 他去外地出差回来后，会买什么东西给你？
漂亮的衣服→跳至第9题
当地的土特产→跳至第11题

8. 你们约会时，他经常何时到达？
准时到达→跳至第12题　　　提前到达→跳至第9题
迟到→跳至第11题

9. 如果你打电话告诉他你家现在正停电，他会怎么做？
马上赶到你家陪你→跳至第11题

Chapter 6
丘比特失宠，比基尼登场

约你去他家→跳至第 12 题

10. 他喜欢看哪类片子？

动作片→跳至第 11 题　　　喜剧片→跳至第 12 题

11. 情人节，他会带着你做些什么？

去吃烛光晚餐→跳至第 14 题

去看新上映的电影→跳至第 13 题

12. 你们在一起逛街时，他发现你的鞋带开了，会怎么做？

蹲下来帮你系好→跳至第 15 题

告诉你，让你自己系好→跳至第 14 题

13. 在有纪念意义的节日里，他突然接到老板的电话，要他去加班，他会怎么做？

立刻去加班→跳至第 14 题

拒绝加班，继续陪你→跳至第 15 题

14. 以下两种颜色，他更喜欢哪种？

白色→跳至第 15 题　　　黑色→ B 型

15. 他通常如何称呼你？

直呼你的名字→ A 型　　　亲爱的→ D 型

宝贝→ C 型

测试结果：

A 型：

处女情结★★★★★

他有强烈的处女情结，对爱情有着极其完美的幻想，从内心深处来讲，他是个大男子主义者。他要求自己的妻子是一个绝对的处女，并且要温柔贤良，小鸟依人般。

B 型：

处女情结 ★★★

受传统观念的影响，他希望自己的妻子是处女，但他只要是真的爱你，还是会接受你，并且在意你、疼惜你，因为对于他来说，爱情比那一层膜更加重要，只要你们快乐地在一起，剩下的都不是很重要，至于处女情结，他会把它放在心里的某个角落里。

C型：

处女情结 ★

在他心里，爱情和处女根本是两个国家的产物，完全不搭边，他不会傻到要一个自己不爱也不爱他的处女，他只看重心灵的感觉，根本不去考虑你是不是处女这个荒诞的问题，只想与你微笑携手，一起慢慢变老。

D型：

处女情结 ★

他并不在乎你是否是处女，但先别急着高兴，这看似和C型一样，其实有本质的差别。他之所以对处女一词淡漠，并不代表他爱你，而是表示他根本没有想和你做长时间的交往。对他来说，你就好像是衣服一样，即使被人穿过，只要好看他还是可以再穿，只不过他不会拿着一件衣服穿一辈子。如果你的他恰恰是此种类型，建议你慎重考虑。